AF667952

Inhaltsverzeichnis

Vorwort:

Meine emotionalste Geschichte.

Ich habe sehr lange überlegt, diese Geschichte über meine Kara hier überhaupt zu schreiben. Viele Leser wird sie abschrecken oder unverständlich und unbegreiflich zurücklassen.
Denn Kara war ein echter Kampfhund. Und das bedeutet, dass man sie zwang, für Geld gegen andere Hunde zu kämpfen.
Ich habe mich aber dafür entschieden.
Warum?
Sie gehört zu meinem Leben, mehr als alles andere.

Kurz zu meiner Person:

Mein Name ist Dieter Paul,

in einer Spedition in Insheim groß geworden, war mein Leben von Anfang an auf Arbeiten eingestellt.

Als ich 10 Jahre alt war, wurde mir sehr schlimm mitgespielt. Niemand half mir, als ich als kleiner Junge dringend Hilfe gebraucht hätte. Danach fing es an, dass es in mir brodelte, wenn ich Leid sah, und dass ich mich für Schwächere einsetzte. Eben so, wie es ein kleiner Junge eben machen konnte. Was mir passiert ist, lässt mich bis heute nicht los und auch deshalb bin ich so wie ich bin.
Mehrmals habe ich danach versucht, mein Leben zu beenden, aber anscheinend nicht mit der nötigen Entschlossenheit, die dazugehört.
Sei`s drum, ich bin noch hier.

Nach Schule und Berufsausbildung als Fahrzeuglackierer arbeitete ich in den verschiedensten Firmen und Berufszweigen als Schlosser, Sandstrahler, Automechaniker, Industrielackierer, Customizer, LKW-Fahrer im Europaverkehr, Disponent, Formenbauer, Ofenbauer oder Schweißer ... all das füllte mich aber nie wirklich aus.

Mit 20 Jahren begannen mein Interesse und meine Freude an Hunden. Am Anfang nur durch deren Erscheinungsbild geweckt, wurde mein Interesse jedoch schnell größer und ich wollte mehr über den Umgang mit Hunden erfahren. Speziell der Rottweiler gefiel mir und ließ mich seither nicht mehr los. Ich suchte in verschiedenen Zeitungen und über Bekannte (Internet kannte man noch nicht) nach einem Hund.
Mein damaliger Chef kannte jemanden, der sich seines Rottweilers übers Tierheim „entledigt" hatte, da er lt. Aussage „nicht zurechnungsfähig und gefährlich" sei.
Ich dachte einfach zu wenig nach und schaute mir den Hund an. Rico, ein Rottweiler mit 55 Kilo und aus 3. Hand. Ich ließ den Papierkrieg über mich ergehen und nahm Rico mit nach Hause. Wie sich schnell herausstellte, war das nicht gerade der beste Anfängerhund, den man sich holen sollte.
Was ich auch tat, welchen Rat ich auch befolgte, ich stieß einfach sehr schnell an meine Grenzen.
Rico machte mir unser gemeinsames Leben wirklich nicht einfach. Es gab viele Situationen, in denen ich über die Abgabe des Hundes mehr nachdachte als über das Behalten.

Also Hundeplatz aufsuchen, doch „üben und alles wird gut", half hier überhaupt nicht. Ich suchte mir bei einigen Leuten, Hundeplätzen und Trainern Hilfe, aber zufrieden war ich nirgendwo. Im Gegenteil, es wurde immer schlimmer mit Rico. Nach vielem „Probieren" hörte ich von einem Hundetrainer aus

Bayern, der sehr empfehlenswert sein sollte und sich besonders mit schwierigen Hunden gut auskenne.
Ich besorgte mir seine Telefonnummer, rief ihn an und erzählte ihm von meinem Problem. Wie sich herausstellte, war Herr Hubert Frührentner und hatte seit vielen Jahren Rottweiler.
Er wollte nach einem schweren Unfall und dem dadurch entstandenen Verlust seines geliebten Hundes eigentlich nicht mehr mit Hunden arbeiten.
Aber nach langem Hin und Her konnte ich ihn schließlich überreden, mich und meinen Hund mal anzuschauen. Wir machten einen Termin aus und ich fuhr mit Rico für eine Woche nach Bayern, um mich mit Herrn Hubert zu treffen. Er sprach erst mal eine Zeit lang mit mir und dann sah er sich Rico an. Was er mir dann zeigte, hat mich echt verblüfft. So mit Hunden zu „sprechen" und sie zu „verstehen" hatte ich noch nie gesehen.
Rico folgte Herrn Hubert ohne ein Wort, auch von Angst oder Aggression war nichts mehr zu sehen. Es hatte mich so beeindruckt, dass ich das auch lernen wollte.
Es waren eine Menge Überredungskunst und „viele Flaschen Pfälzer Wein" von Nöten, damit Herr Hubert mir sein großes Wissen über dieses Handwerk richtig beibrachte. Ich machte Lehrgänge und Seminare bei ihm und habe einige Jahre bei ihm gelernt, mit Hunden richtig umzugehen und diesen Tieren auch den nötigen Respekt entgegenzubringen. Der Schwerpunkt dieses Lernprozesses war der Umgang mit auffälligen, misshandelten und gefährlichen Hunden.
Er war es auch, der mir empfahl, andere Trainer zu besuchen, um unterschiedliche Methoden im Umgang mit Hunden zu sehen und zu erlernen. Daher habe ich auch mehrere Seminare bei Wolfsforschern absolviert, um mehr über den Ursprung unserer Hunde und das natürliche Rudelverhalten zu lernen.

Irgendwann kam dann auch immer mehr der große Drang, den Tieren zu helfen.
Und somit fing ich also an, Hunden zu helfen, die sonst keine Hilfe bekamen.

Ich nahm immer wieder Rottweiler auf und resozialisierte sie. Die Unberechenbarsten behielt ich und die anderen vermittelte ich wieder.
Es sollte wohl so sein, dass sich eines Tages Karas und mein Weg kreuzten.

Und dies sind unsere gemeinsamen Geschichten.

1. Gesucht & gefunden

Nach dem Tod meiner Hündin „Heidi“ hatte ich zu der Zeit noch 2 Rottweiler Rüden, „Arny“ und „Cash“.
Zu der Zeit war ich mit meinem Leben sehr unzufrieden und ich merkte, dass sich in meinem Leben etwas ändern musste, aber irgendwie fehlte mir die Kraft, das anzugehen.
Ich wusste ja auch gar nicht so richtig, was.
Meine Frau arbeitete sehr hart und viel, irgendwie war zwischen uns einfach die Luft raus. Ich fühlte mich allein und unverstanden. Unser gemeinsamer Urlaub (es sollte der letzte sein), lief auch nicht so, wie man sich das vorstellte.
Wir stritten und es machte einfach keinen Spaß mehr.
In der Vergangenheit hatte ich mich immer nach einem neuen Hund umgesehen, dem ich helfen konnte. Das hatte mich immer wieder aus meinem Loch gezogen.
Ich schaute mich also im Internet nach einer Rottweiler-Hündin um, die nach Heidis Tod diese Lücke füllen könnte.

Dann sah ich die Anzeige eines Tierschutzvereins.
Da es schon so lange her ist, habe ich diese Zeilen aus meinem Gedächtnis zitiert:

„Dieser Kurzbericht soll wachrütteln, was für Zustände immer noch herrschen.
Rasse: Rottweiler
Geschlecht: Hündin
Name: Lissy
Alter: 1,5 Jahre
Absolut gefährlich

Geschichte:
Lissy musste in ihrem Heimatland für Hundekämpfe herhalten. 5 Hunde hat sie nachweislich im Kampf für Geld getötet. Sie wurde schwer misshandelt und abgerichtet. Tierschützer haben sie gerettet, aber 7 (!!!) Trainer warfen das Handtuch und empfahlen, sie einzuschläfern. Dies wird nun am … … … gemacht. Wir haben sie Lissy getauft, weil sie keinen Namen hatte. Sie sollte nicht ohne gehen müssen.
Wir schreiben diese Geschichte und wollen wachrütteln, damit diese Missstände endlich aufhören."

Ich schaute mir das Datum an und sah, dass es noch 3 Tage waren, die Lissy leben würde. 3 Tage, in denen man weiß, dass ein Lebewesen gehen muss.
Aber musste sie das wirklich?
Könnte ich helfen?

„Nein, das wäre wahrscheinlich auch für mich viel zu gefährlich, 7 Trainer hatten es ja schon erfolglos versucht".

Am nächsten Tag dachte ich an nichts anderes als an Lissy. Noch 2 Tage, dann würde sie sterben.
Es ließ mich nicht los. Kurzerhand recherchierte ich und besorgte mir die Nummer des zuständigen Vereins. Ich rief bei dem Tierschutzverein an und man sagte mir, dass es nicht möglich sei, mit diesem Hund zu arbeiten, und dass der Termin zur Erlösung feststünde. Ok, dann eben nicht.
2 Stunden später rief ich wieder an. Ich wollte Lissy helfen. Der Verein dachte, dass sie sich verhört hätten.
Ob ich wüsste, was ich da tun wollte?

Ja, ich wusste es. Ich war fest entschlossen, das Unmögliche möglich zu machen.
Ich glaube, ich wollte mir damals selbst etwas beweisen.

Ich ließ nicht locker. Der ganze Vorstand des Vereins wurde zusammengetrommelt, um mit mir zu reden. Schließlich überzeugte ich sie. Nun müssten noch die Ämter zustimmen.
„Früher war alles besser.“
Dieser Spruch hatte hier Gültigkeit. Ich durfte es probieren.
Noch 1 Tag.

Zuhause sorgte ich dafür, dass Arny und Cash versorgt wurden und dann machte ich mich auf den Weg. 11 Stunden Fahrt und mehr als 850 Kilometer lagen vor mir.
3 Stunden, bevor der Termin zur Erlösung anstand, war ich da. Wir erledigten den Papierkram und Lissy wurde von 2 Personen und mit 2 Fangstangen in meine Transportbox gebracht.
Es sah fast so aus, als würde Hannibal Lecter zur Schlachtbank geführt.
Lissy war sehr dünn und abgemagert. Sie wünschten mir viel Glück und ich machte mich auf den Weg nach Hause.
So fing es mit Lissy an.

Ich fuhr die ganzen 11 Stunden nach Hause durch, nur zum Tanken hielt ich kurz an. Lissy lag während der ganzen Fahrt ruhig in ihrer Box, aber ließ mich nie aus den Augen, das sah ich ständig im Rückspiegel.
Zuhause angekommen fuhr ich direkt an den Gartenzaun, um sie rauszulassen. Ich öffnete die Box und sie sprang in den Garten. Hier ließ ich sie zunächst in Ruhe, dass sie ankommen konnte. Ich musste mich nun erstmal schlafen legen, denn ich war schon über 40 Stunden auf den Beinen und völlig übermüdet.

Am nächsten Morgen ging ich nach draußen an den Zaun, um nach Lissy zu sehen. Sie stand nur da und schaute mich an, aber so durchdringend, dass einem ein Schauer über den Rücken lief und die Unterhosen (hinten) feucht wurden.

Ich sah, dass sie sehr stark war, aber dennoch auch sehr verletzlich.
Wie sollte ich vorgehen?
Was als erstes tun?
Kamen da schon die ersten Zweifel?

Ich versuchte, ein bisschen mit ihr zu sprechen, doch sie stand nur da und schaute mich mit dem durchdringendsten Blick an, den ich je gesehen hatte.
Na gut, dann eben nicht.
Ich ging erstmal Futter holen für die Kleine. Zurück am Gartenzaun öffnete ich die Tür einen Spalt breit und Lissy schoss sofort auf mich zu, sodass ich ihr die Schüssel mit dem Futter entgegenwarf, um heil wieder rauszukommen.
Lissy stand über dem Futter, das am Boden lag, und schaute mich nur an.
Ok, dachte ich mir, das wird heftig werden.
Ich ging ins Haus, damit sie wenigstens in Ruhe fressen konnte. In der Zeit konnte ich mir überlegen, wie ich am besten vorgehen würde, um ihr zu helfen und nicht dabei zu sterben.

Nach einer Stunde ging ich entschlossen an die Gartentür. Lissy stand wieder da und schaute nur. Ich hatte mich dick angezogen, damit ich ein bisschen geschützt war, und öffnete die Tür einen Spalt. Lissy schaute nur. Ich ging langsam einen Schritt hinein. Lissy schaute nur.
Nun stand ich im Garten und schloss die Tür hinter mir. Lissy stand nicht mehr, sondern schoss auf mich zu und verbiss sich in meiner Jacke.
Ich weiß nicht, wie ich es gemacht hatte, aber nach einigen Minuten, die mir wie Stunden vorkamen, schaffte ich es wieder aus dem Garten heraus.
Bestandsaufnahme des Erstkontakts:

Jacke, Pullover, Handschuhe und Hosen kaputt, mehrere Wunden an Händen, Armen und Beinen.
So, das war unser erstes richtiges Kennenlernen.
Nun aufhören, aufgeben, Wunden lecken? Nix da. Tür auf und wieder rein.
Sofort kam Lissy und zeigte mir, was sie draufhatte. Und sie hatte richtig was drauf. Ich brauchte alle Kraft, um ihr standzuhalten. Sie verletzte mich immer mehr und ich musste nun wieder schauen, dass ich herauskam.
Meine Frau stand am Fenster und ich sah ihr die Angst im Gesicht an. Sie kam aus dem Haus und sagte kein Wort. Unter Schmerzen zog ich mich aus und sie verarztete mich so gut es ging. Ins Krankenhaus wollte ich nicht, denn zum Entsetzen meiner Frau wollte ich wieder zu Lissy. Wir stritten im Hof und es wurde mir einfach zu viel. Ich hatte Verständnis für ihre Sorgen, aber ich konnte einfach nicht anders. Ich holte mir eine neue Jacke und Hose, einen weiteren Pullover und Handschuhe. Ich nahm einen Maulkorb, der passen könnte, und begab mich wieder zu Lissy.
Der Kampf ging weiter.

Spätestens hier werden sich einige fragen, warum ich das getan habe. Warum dieses Vorgehen und nicht mit Leckerchen und Watteböllchen.
Weil das einfach nicht ging. Wer schon mit einem richtig gefährlichen Hund zu tun hatte, versteht das.
Also wieder rein und Lissy ging wieder auf mich los, doch ich merkte, dass sie nicht mehr 100 % gab.
Ich spürte, dass sie versuchte, mich zu respektieren. Sie zeigte mir, dass ich mich verpissen sollte, aber das tat ich nicht. Lissy hatte noch so viel, das sie mir entgegensetzten konnte, aber sie tat es nicht mehr. Schließlich ließ sie von mir ab und ging 2 Schritte zurück. Blutend saß ich da und wir schauten uns nur an.

Plötzlich kam mein Schwager in den Hof, um uns zu besuchen. Als er am Zaun stand, sprang Lissy an mir vorbei und gegen den Zaun, sodass mein Schwager ins Haus rannte.
Lissy umkreiste mich, aber griff nicht an. Sie stellte sich vor mich hin und ich wartete nur, dass sie gegen mich gehen würde. Doch das blieb aus.
Ich hatte Schmerzen, aber durfte ihr das nicht zeigen. Ich holte nun etwas Futter aus meiner Jacke und legte es langsam vor mich hin. Dann rutschte ich auf dem Rasen zurück, um Lissy zu zeigen, dass ich ihr das Futter überlassen würde. Langsam kam sie auf mich zu und nahm die Nahrung auf, ohne mich aus den Augen zu lassen. Dann ging sie wieder zurück. Ich rutschte wieder vor und legte Futter hin.
Das Ganze machten wir ein paar Mal. Dann stand ich auf und ging aus dem Garten.

Im Haus erwarteten mich meine Frau und ihr Bruder mit finsterer Miene. Nicht enden wollende Vorwürfe musste ich mir anhören, während ich meine Wunden verband. Ich sagte nicht viel, kam ohnehin nicht zu Wort. Und Argumente hatte ich ja auch keine, damit die beiden Ruhe geben würden.
Ich ging und legte mich zum Ausruhen auf die Couch. Denn Lissy hatte mir bis dahin alles abverlangt.
Nach zwei Stunden fragte mich meine Frau, wie das nun weitergehen solle. Ich antwortete ihr, dass ich Lissy nicht aufgeben würde. Ich sah ihr an, dass sie diese Antwort nicht hören wollte. Sie ging kommentarlos ins Geschäft und ließ mich zurück. Obwohl ich nachvollziehen konnte, was in ihr vorging und dies auch verstand, konnte ich einfach nicht auf sie zugehen.
Am Nachmittag ging ich wieder in den Garten zu Lissy. Sie stand schon bereit, um mir zu zeigen, dass das letzte Wort noch nicht gesprochen war. Also wieder rein und Türe schließen.

Nur dieses Mal passierte erstmal nichts. Lissy und ich schauten uns aus ca. 4 Metern Entfernung nur an. Ich bewegte mich nun langsam ein paar Schritte im Garten, Lissy ging langsam hinterher. Kein Kampf und kein Stress.
Ich holte einen Brocken Fleisch aus meiner Jacke und legte ihn Lissy hin, dann ging ich ein paar Schritte zurück. Sie schaute mich an, nahm ihn und kam auf mich zu, legte den Brocken vor meine Füße und ging rückwärts weg.
Das hatte mich schwer beeindruckt.
So schwer, dass mir Tränen in die Augen schossen, doch das durfte ich nicht zulassen. Noch nicht.
Sie respektierte mich, aber mehr noch nicht.
Vertrauen war da nicht dabei, nur Respekt.
Das habe ich bei den langen Trainings mit Wölfen gelernt.
Ich nahm das Fleisch vom Boden und biss ein Stück davon ab.
Ich musste mich richtig überwinden, um das zu schaffen. Lange kaute ich darauf herum, bis ich das kleine Stück endlich runterbekam.
Den Rest der „Beute“ legte ich wieder hin und überließ ihn Lissy.
Sie schaute mich die ganze Zeit an und erst als ich wieder aus dem Garten ging, nahm sie das Fleisch.
Mehr machte ich an diesem Tag nicht. Lissy hatte mir so viel abverlangt, dass ich mich ausruhen und meine Wunden versorgen musste.
Ich rief eine befreundete Tierarzthelferin an, dass sie bitte vorbeikommen sollte, um meine Wunden zu versorgen, einige davon musste sie sogar nähen.

Und wohlgemerkt, wir sind erst bei Tag 1.

2. Die ersten Tage

Am nächsten Morgen brachte ich Lissy Futter in einer Schüssel nach draußen. Sie stand bereits am Zaun und wartete, was passieren würde. Ich setzte mich ca. 2 Meter vom Tor entfernt auf den Boden und schaute in ihre Richtung, aber ohne sie anzustarren.
Nach einer Weile wich sie zurück und ich ging zum Tor, um dieses zu öffnen und den Garten zu betreten. Die Schüssel stellte ich auf den Boden und ging wieder raus. Lissy kam langsam nach vorne und aß in Ruhe die Schüssel leer. Ich ging wieder ins Haus, weil mir alles höllisch weh tat.

Gegen Mittag wollte ich im Garten die Futterschüssel holen, um diese wieder zu füllen. Doch sie stand nicht mehr da, wo sie sich heute Morgen befand.
Lissy hatte die Schüssel mit in ihren Unterstand genommen.
Na toll, was nun?
Ich ging in den Garten und langsam zu Lissys Unterstand.

Das war ein 4 x 5 Meter überdachter Bereich, mit einer Hütte darunter und von vorne offen. So konnte sie sich zurückziehen und sich bei Regen auch im Trockenen aufhalten.

Langsam bewegte ich mich zu dem Unterstand. Lissy lag in einer Ecke und die Schüssel ca. 2 Meter vor ihr. Ich nahm sie und ging rückwärts aus dem Garten. Draußen füllte ich die Schüssel und brachte sie zu Lissy. Ich stellte sie auf den Boden und ging wieder aus dem Garten und ins Haus.
Das machte ich 3-mal am Tag für die nächsten 3 Tage.
Mehr konnte ich momentan nicht tun, weil meine Schmerzen einfach zu groß waren.

Mit meinen beiden anderen Hunden, Arny und Cash, musste ich auch raus und dabei musste ich immer am Garten vorbei gehen. Lissy ging dabei so gegen den Zaun, dass einem Angst und Bange werden konnte. Daher baute ich am hinteren Ende des Gartens, den wir abtrennen konnten, einen zweiten Ausgang, damit sich die Hunde nicht öfter sahen, als es sein musste. Wir konnten nun durch den neuen Ausgang Gassi gehen und Lissy konnte sich mehr entspannen und brauchte nicht immer so hochzufahren.

Jeden Abend faltete mich meine Frau zusammen und machte mir die größten Vorwürfe. Ich schlief nachts auf der Couch mit Sicht in den Garten. So konnte ich immer mal wieder einen Blick auf Lissy erhaschen.

An Tag 5 nach Lissys Einzug fühlte ich mich besser, um mit der Arbeit mit ihr weiterzumachen. Aber besser heißt nicht gut, denn die Wunden, die sie mir zugefügt hatte, heilten langsam. Ich ging mit dem Futter und einem Stuhl in den Garten. Den Stuhl stellte ich gleich neben die Eingangstür des Gartens und die Schüssel mit Futter brachte ich wieder zu Lissy. Dann setzte ich mich einfach nur in den Stuhl, um sie zu beobachten und mir Gedanken über den weiteren Verlauf zu machen.

„Wie bekomme ich ein Halsband dran?
Wie mache ich das Maulkorb Training?
Ein Geschirr wäre auch gut, damit ich sie besser sichern konnte.
Also mit was fange ich an?"

Ich entschied mich für die Handfütterung. Da dies sehr gefährlich werden könnte, zog ich mir sehr dicke Kleidung an, in der ich mich allerdings noch bewegen konnte. Dann holte ich etwas Futter, legte die paar Brocken in die Schüssel und ging zu Lissy. Ich kniete mich vor sie hin und hielt ihr die Schüssel entgegen.

Sie schaute mich an und ging wie in Zeitlupe auf mich zu. In diesem Moment rechnete ich mit einem Angriff. Doch der blieb - Gott sei Dank - aus. Sie fraß aus der Schüssel, die ich in den Händen hielt. Da es nur wenige Brocken waren, war sie schnell fertig. Sie schaute mich an, zog die Lefzen hoch und ging nach hinten weg. Ich ging auch wieder zurück und füllte die Schüssel erneut mit ein paar Brocken. Wieder ging ich zu Lissy und wiederholte das Ganze. Nach 6 Wiederholungen hatte sie genug zu fressen bekommen und die ersten Schritte waren getan.
Das Ganze machte ich nun wieder 3-mal täglich und nie gab es einen Angriff. Doch sie zeigte mir deutlich, dass wir keine Freunde waren.

Nach einigen Tagen nahm ich einen Maulkorb und schmierte Leberwurst hinein. Diesen hielt ich mit dicken Handschuhen zu Lissy hin. Sie kam her und schnüffelte, ging aber wieder weg. Doch ich gab nicht auf.
Bei dem 4. Versuch streckte sie das erste Mal ihren Kopf in den Maulkorb und schleckte die Leberwurst heraus. Wieder ein Schritt in die richtige Richtung.
Füttern aus der Schüssel, die ich mit den Händen hielt und das Maulkorb-Training waren fürs Erste auch genug.
Nach jeder „Sitzung" berührte ich Lissy mit meinen Handschuhen mehr und mehr. Nur kurze Berührungen, kein Streicheln.
Nach weiterem Training konnte ich schließlich den Maulkorb schließen und sie dabei mit der Futtertube füttern.
Obwohl es jeden Tag besser wurde und wir wirklich große Fortschritte machten, waren wir noch meilenweit davon entfernt, von Erfolg zu sprechen.
Keiner gab ihr eine Chance, auch jetzt war jeder gegen sie.

Doch ich gab nicht auf. Ich wollte jedem beweisen, was für ein toller Hund Lissy doch ist.
Die Streitereien mit meiner Frau und ihrer Familie wurden immer heftiger. Im Schlafzimmer war ich schon lange nicht mehr.

Lissy und ich waren nun schon so weit, dass ich ihr ohne Handschuhe den Maulkorb aufzog und sie damit und der Futtertube durch den Garten führen konnte. Jeder Schritt war ein Schritt in ein hoffentlich gutes Leben.
Nun war die Leine dran. Als erstes entschied ich mich für eine Moxonleine, weil ich dazu kein Halsband benötigte. Die ersten paar Male wollte Lissy das nicht. Das zeigte sie mir, doch nach ein paar Übungseinheiten funktionierte auch das sehr gut.
Tag für Tag trainierten wir in sehr kleinen Minischritten, um Lissy nicht zu überfordern.

Dann war es so weit: Das Brustgeschirr war der nächste Trainingsschritt. Ich entschied mich für ein K9 Geschirr. Ich halte grundsätzlich zwar nichts davon, doch es ließ sich leicht anlegen.
Auch das funktionierte recht gut. Erst als ich den Gurt unter Lissys Bauch schließen wollte, reichte es ihr. Sie wehrte sich und sprang mit dem Maulkorb gegen mein Gesicht, dass meine Lippe aufplatzte.
Verdammt, so konnte ich nicht aufhören.
Das Geschirr zog ich ihr wieder aus und mit der Futtertube machte ich noch kleine Übungen, um einen positiven Abschluss hinzubekommen.
Dann Leine und Maulkorb aus und Schluss für heute.

Ich ging ins Haus und sah erst dort das ganze Ausmaß der Verletzung.

Mein ganzer Pullover war voller Blut, das von meiner Lippe tropfte. Da reichte dieses Mal auch kein Pflaster mehr.
Ich fuhr zu meiner befreundeten Tierarzthelferin, um meine Lippe nähen zu lassen. Für das Krankenhaus hatte ich weder Lust noch Zeit.
Und mal ehrlich: Arzt ist erstmal Arzt.
Danach wieder nach Hause und mich erstmal hinlegen. Auch für mich war Ruhe wichtig, nicht nur für Lissy.

3. Rückschlag

Am frühen Abend ging ich wieder zu Lissy, um ihr Futter zu bringen, doch ich merkte, dass seit dem Vorfall etwas anders war. Sie stand unter dem Dach, allerdings auf ihrer Hütte und schaute mich mit ihren durchdringenden Augen an.
Ok, ich ging ins Haus, um mich dicker anzuziehen.
Dann nahm ich wieder ihr Futter und ging zu ihr in den Garten. Ich stellte das Futter hin und wollte sie erstmal in Ruhe lassen. Also drehte ich mich um, um wieder rauszugehen. Kurz vor dem Ausgang kam sie von hinten und biss mir in den Allerwertesten. Ich schrie laut auf und schlug einfach um mich. Lissy ging wieder gegen mich wie am ersten Tag. Ich kämpfte, um aus dem Garten zu kommen.

Draußen stand ich am Zaun und schrie Lissy an:
„Was soll der Scheiß du blödes Miststück, ich will dir helfen und du blöde Sau gehst auf mich los. Das lass ich mir nicht gefallen."

So wie ich Lissy anschrie, so schrie sie auch mich an. Sie stand auf der anderen Seite des Zauns und bellte, dass ihr der Rotz aus dem Maul flog.
Ich war so sauer und voller Adrenalin, dass mir alles egal war. Sollte sie mich doch angreifen.
Ich ging in den Garten zurück und Lissy ging auf mich los. Ich packte sie am Hals und irgendwie konnte ich sie auf den Boden werfen und mich auf sie legen. Ich weiß nicht mehr, wie lange das dauerte, aber es kam mir wie Stunden vor.
Als mir die Kraft ausging, fing ich an zu weinen. Ich konnte einfach nicht mehr anders. Meine Gefühle und Emotionen gingen mit mir durch. Ich ging von ihr runter und schrie ihr meine Verzweiflung entgegen, dass sie mich doch angreifen sollte. Aber Lissy stand nur da und schaute mich an.

Ich schleppte mich aus dem Garten ins Haus. Ich musste ins Bad, mich ausziehen und sehen, was los war.
Alles war voller Blut.
Mein Hintern hatte ein Loch mehr als das Original und dieses musste dringend geschlossen werden. Ich rief meine Tierarzthelferin an und bat sie, zu kommen.
Als sie eintraf und mich sah, machte sie mir die größten Vorwürfe und bat mich, Lissy zu erlösen. Doch das war keine Option. Sie nähte mir den Hintern zu und versorgte noch die weiteren Verletzungen. Dann ging sie, mit der erneuten Ermahnung, das Richtige zu tun, wieder nach Hause.

Ich legte mich auf die Couch, um mich zu erholen. Draußen sah ich Lissy, die im Garten umherstreifte und immer wieder durch die Terassentür zu mir reinschaute. Ich beobachtete sie und irgendwann schlief ich ein.
Früh am nächsten Morgen wachte ich auf und sah Lissy an der Terassentür sitzen. Sie saß da und schaute mich nur an.
Meine Frau stand in der Küche und sagte, dass meine Prinzessin schon seit über einer Stunde da säße.
Meine Prinzessin!!!!!
Ich kroch zur Tür und legte mich davor, sitzen konnte ich ja nur unter Schmerzen. Lissy legte sich und wir beide schauten uns nur an.
Was ging wohl in ihrem Kopf vor?
Ich versuchte etwas anzuwenden, das mir Xaver 20 Jahre zuvor beibrachte:
Ich schaute in ihre Seele.
Mit dem, was ich da sah, hatte ich nicht gerechnet. Ich brach in Tränen aus. Ich bemerkte, dass auch Lissy weinte.
Ihr wurde in ihrem kurzen Leben schon so übel mitgespielt, dass es für mehrere Leben gereicht hätte.

Meine Frau schaute sich das alles an, ohne ein Wort zu sagen, dann kam sie zu mir und sagte: *„Hilf ihr."*
Dann ging sie zur Arbeit.

Ich verstand alles, aber wir stritten seit Monaten und nun das? Damit kann ich nur schlecht umgehen.
Ich ging zur Toilette und musste mich übergeben. Mir war schlecht, sehr schlecht.
Dieses „in die Seele schauen" kostet sehr viel Kraft.
Ich zog mich an und machte für Lissy Futter, dann schleppte ich mich in den Garten und ging zu ihrem Unterstand. Sie lag noch an der Terassentür und beobachtete mich. Ich setzte mich so gut es ging auf eine Matratze, die dort lag und wartete. Es dauerte sehr lange und ich schlief ein. Als ich aufwachte, war die Schüssel leer und Lissy lag neben mir auf der Matratze. Ich wusste nicht, was ich nun tun sollte, und verhielt mich erstmal ruhig. Wie lange wir beide so dalagen, weiß ich nicht mehr, aber es war sehr lange.
Ständig beschäftigte mich die Frage, was passieren würde, wenn ich mich bewegte oder aufstünde.

Nach langer Zeit rief meine Frau aus dem Fenster, dass ich zum Essen reinkommen sollte. Lissy stand auf und stellte sich vor mich hin, den Rücken zu mir und zum Fenster hin ausgerichtet. So als wolle sie sagen, dass meine Frau mich in Ruhe lassen sollte. Ich richtete mich langsam auf, meine Beine waren eingeschlafen und mein Hintern Tat sehr weh, ich konnte nicht aufstehen. Lissy drehte sich um und legte sich ganz eng zu mir. Was sollte ich tun, ich musste ja auch mal aufs Klo und gleichzeitig wollte ich diesen Augenblick genießen.

Langsam und vorsichtig versuchte ich Lissy zu berühren und etwas zaghaft zu streicheln. Sie ließ es zu.
Nach einigen Minuten hielt ich es aber nicht mehr aus und versuchte so langsam es nur ging aufzustehen und aus dem Garten zu gehen.
Lissy machte nichts, schaute mir nur hinterher. Ich ging ins Haus, um aufs Klo zu können und danach etwas zu Essen. Meine Frau fragte, wie es nun weitergehen würde. Ich erwiderte, dass ich an meinem Plan festhalten würde. Ich wollte Lissy helfen.
Sie sagte, dass sie mich so lange machen ließe, bis ich mit Lissy fertig war, danach sollten wir uns trennen.
Sie hatte es ausgesprochen.
Endlich.
Sie sagte, wozu ich den Mut nicht hatte.
Erstaunlicherweise redeten wir nun sehr offen darüber. Es war für uns am besten, hatten wir uns doch einfach zu weit voneinander entfernt. Auch war ich dankbar, dass sie mich noch weiter mit Lissy arbeiten ließ.

Ich legte mich wieder auf die Couch und sah Lissy vorm Fenster sitzen. Sie saß einfach nur da und starrte mich an, keine Bewegung, nur Blickkontakt. Ich holte eine Matratze und legte sie vor der Terrassentür auf den Fußboden. Dann legte ich mein Bettzeug darauf und schlief, nur durch die Scheibe getrennt, bei Lissy.
Am nächsten Morgen schlug ich die Augen auf und das Erste, was ich sah, war Lissy. Sie saß noch an der gleichen Stelle wie am Vorabend.

Also gut, ich frühstückte ein wenig und richtete das Futter für Lissy und die anderen beiden. Arny und Cash bekamen es in der Küche und Lissys Futter brachte ich zu ihr raus.

Ich ging in den Garten und sah das erste Mal ein leichtes Schwanzwedeln bei ihr. Ich kniete mich hin und Lissy nahm ihr Futter zu sich.
Dann ging ich wieder rein, um mit Arny und Cash spazieren zu gehen. Obwohl das Wort „gehen" etwas übertrieben gesagt ist, „ich schleppte mich" trifft es besser. Nach über einer Stunde waren wir wieder zuhause und das Training mit Lissy musste weitergehen. Ich musste mir sehr viele Gedanken über jeden Schritt machen, den ich tat, weil ich mittlerweile am ganzen Körper Verletzungen hatte, die äußerst schmerzten.
Wieder bei Lissy angekommen legte ich ihr vorsichtig den Maulkorb auf und danach probierte ich das Geschirr.
Sie ließ es zu.
Zur Sicherheit wollte ich zusätzlich ein Halsband anlegen, da fielen mir ihre Verletzungen auf, die sie am Hals hatte. Verdammt, wieder umdenken. Ich entfernte das Geschirr und holte ein anderes, sodass sie besser gesichert war. Sehr vorsichtig legte ich es ihr an, um sie nicht noch mehr zu stressen, als sie es ohnehin schon war. Dann machte ich die Leine dran und ging mit Lissy durch den Garten. Sie lief sehr schön mit mir mit. Anschließend gingen wir raus. Das erste Mal seit ihrer Ankunft brachen wir zu einem kleinen Spaziergang auf. Ich lief extra durch den Wald, weil hier um diese Zeit normal niemand unterwegs war.
Man kenn ja seine Pappenheimer.
Nach ca. 30 Minuten waren wir wieder zurück. Keine Vorkommnisse, alles verlief ruhig und zufriedenstellend.
Im Garten nahm ich ihr dann wieder das Geschirr ab und machte auch den Maulkorb weg. Ich lief einfach durch den Garten und Lissy folgte mir mit etwas Abstand. Es kam kein Angriff und es waren keine bösen Absichten erkennbar.
Das war toll.

Nicht nur für mich, sondern auch für Lissy.
Meine Frau hatte vom Fenster aus alles beobachtet und wollte zu mir an den Zaun. Leider hatte sie die Haustür nicht zu gemacht und Arny und Cash liefen mit.
Als Lissy die beiden sah, ging sie wieder mit Vollgas gegen den Zaun und die Hunde verbissen sich regelrecht am Zaun.
Meine Frau schrie und ich hechtete zum Wasserhahn, drehte das Wasser auf und spritzte mit dem Schlauch voll auf die Hunde. Arny und Cash wichen sofort zurück, Lissy nicht. Sie drehte sich zu mir um und ich sah in ihren Augen nichts Gutes. Ich sagte ihr, dass sie zurück gehen sollte, doch das tat sie nicht. Ich drehte das Wasser ab und Lissy blieb stehen. Meine Frau war mit den Hunden bereits wieder verschwunden und Lissy ging zu ihrer Matratze und legte sich hin.
So etwas sollte eigentlich nicht passieren, aber wir alle machen Fehler. Ich ging ins Haus und schaute, ob jemand verletzt war. Anscheinend nur die Nerven meiner Frau. Sie entschuldigte sich, sie wollte sich eigentlich nur von mir verabschieden, weil sie geschäftlich für eine Woche vereisen musste.
Alles gut. Ich half ihr, die Koffer im Auto zu verstauen und sie fuhr los.

Anschließend holte ich Futter und ging in den Garten zu Lissy. Wieder kniete ich mich hin und Lissy aß ihr Futter leer. Dann legte ich mich zu ihr auf die Matratze. Lissy eng an mich. Ich streichelte sie und bemerkte unter meinen Fingern, dass ihr ganzer Körper mit Krusten und Narben bedeckt war.
Was hatte man ihr nur angetan?
Irgendwann ging ich wieder ins Haus um zu duschen und mich wieder auf die Matratze vor der Terassentür zum Schlafen zu begeben. Im hinteren Teil des Hauses legen Arny und Cash und beobachteten mich. Auf der Gartenseite lag Lissy und

beobachtete mich ebenfalls. Es war noch hell draußen und ich versuchte mal was. Ich brauchte Futter, viel Futter.
Da sich die Hunde auf die Entfernung sehen konnten, kippte ich das Fenster und warf Lissy Futter zu.
Sie nahm es ohne Probleme auf. Dann ging ich zu unseren anderen beiden und gab ihnen Futter, auch sie aßen es ohne Probleme. Dann öffnete ich das Gitter im Wohnzimmer und legte Arny und Cash ins Platz. Jeder bekam was zu Fressen. Dann ging ich wieder ans Fenster und gab Lissy etwas. Das wiederholte ich sehr oft und bei jedem Mal holte ich Arny und Cash näher ans Fenster. Nach einiger Zeit waren zwischen den Kontrahenten nur noch ca. zwei Meter Luft. Aber keiner machte irgendeine Dummheit. Dann nahm ich das Futter weg und legte mich schlafen, oder besser gesagt, ich legte mich hin, denn schlafen konnte ich nicht. Arny und Cash lagen bei mir und Lissy vor dem Fenster. So verging die Nacht und außer mir schienen alle gut geschlafen zu haben.

Ich frühstückte und ging gleich mit den beiden Rüden spazieren, danach mit Lissy. Sie schnupperte mich die ganze Zeit von oben bis unten ab. Dann bekamen alle ihr Futter und Ruhe war angesagt. Gegen Mittag zog ich Arny und Cash den Maulkorb auf und ging wieder in den Garten. Auch Lissy bekam den Maulkorb auf, danach das Geschirr und ich machte sie mit der Leine am Unterstand fest. Dann holte ich die beiden Rüden raus. Durch tägliches Training hörten beide sehr gut und ich konnte mich wirklich auf sie verlassen. Vor allem wie in diesem Fall, wenn ich alleine mit ihnen war und mich niemand störte. Ich ging mit ihnen zur offenen Gartentür und sagte, dass sie dort bleiben sollten. Dann ging ich zu Lissy und löste die Anbindung, damit ich sie an der Leine hatte und arbeiten konnte. Anschließend lief ich im Garten umher und holte die beiden

Jungs immer Stück für Stück näher rein. Außer ein bisschen Knurren von Lissy war soweit alles ok.
Ich steckte ihr immer wieder Futter zu, wenn sie sich neutral zeigte, und nach einer gefühlten Ewigkeit beendete ich diese Trainingseinheit.
Ich ging wieder mit den beiden Rüden ins Haus und nahm allen den Maulkorb ab. Dann machten wir einen Mittagsschlaf, ich brauchte Kraft für alles, was noch kommen sollte.
Am Nachmittag wiederholte ich das Training und setzte noch eins drauf: ich ging mit allen in den Wald zum Spazieren. Jeder hatte den Maulkorb auf und die beiden Jungs liefen ohne Leine mit uns mit. Einmal kam uns Arny zu nah und Lissy ging sofort gegen ihn. Aber ich korrigierte sie nur kurz und schickte Arny etwas nach hinten, dann war es wieder gut. Der ganze Spaziergang war super und das machte ich nun die nächste Zeit 2-mal pro Tag.

4. Aus Lissy wird Kara

Das Training war bisher so intensiv, dass ich mir noch keine Gedanken über einen neuen Namen gemacht hatte.
„Warum", fragt ihr?
Nun, bei uns bekommt jeder Hund aus dem Tierschutz ein neues Leben und damit auch einen neuen Namen. Ich möchte nicht, dass es irgendwann beim Rufen des alten Namens einen Triggerpunkt gibt, durch den der Hund, ein Ereignis aus seiner Vergangenheit damit verknüpft. Und in Lissys Fall wollte ich das aus vielen Gründen nicht. Und 4 Buchstaben sollten es auch immer sein (mit sehr wenigen Ausnahmen).
Also wurden kurz die grauen Zellen angeworfen und aus Lissy wurde Kara.

Mittlerweile konnte ich Kara sogar Leckerlies hinhalten und sie kam sehr vorsichtig und nahm mir diese aus der Hand. Jedes Mal, wenn ihr Name „Kara" fiel, bekam sie etwas. Im Nu hatte sie ihren neuen Namen intus.

Der nächste große Schritt stand an: Kara sollte mehr und mehr am Familienleben teilhaben. Dazu gehörte auch, dass sie ins Haus zu uns allen durfte und nicht mehr separiert werden musste. Das machte ich am besten, wenn meine Frau auf der Arbeit war, sonst würde Kara ihre Angst spüren und das wäre unter Umständen fatal. Aber erst mal im Garten anfangen.
Da sich die Hunde mittlerweile akzeptierten, zwar noch mit Maulkorb, bestand der nächste Schritt darin, dass es auch ohne Maulkorb gehen musste. Arny und Cash konnte ich den Maulkorb entfernen, weil das Vertrauen von ihnen zu mir sehr groß war. Nur bei Kara ließ ich Ihn noch drauf. Arny setzte ich hin und Cash 2 Meter hinter Arny, dann ging ich mit Kara durch

den Garten und arbeitete viel mit ihr, bis ich sie dann auch von dem Maulkorb befreite.
Dann brachte ich die Jungs ins hintere Haus, wo wir ein Gitter zur Absicherung verbaut hatten. Ich öffnete die Haustür, um Kara selbst die Entscheidung zu überlassen, ob sie einfach hereinkäme, oder noch Zeit bräuchte.
Ich ging derweil in die Küche und bereitete das Futter vor.

Bis dato hatte Kara noch Trockenfutter bekommen, aber da wir barfen, wollte ich das auch in diesem Zusammenhang umstellen. Das Trockenfutter hatte fürs Training in den ersten Wochen einfach mehr Vorteile und der Geruch von rohem Fleisch wäre bei einem Kampfhund sicherlich nicht die klügste Vorgehensweiße zu Beginn gewesen.
Als ich fertig war, brachte ich den Jungs das Essen und schaute, wo Kara war. Sie lag im Garten und beobachtete durch die Terassentür. Anscheinend war das noch zu viel für sie und auch unbekannt.

Also fingen wir im Garten mit Barfen an. Beim ersten Mal stellte ich ihr die Schüssel hin und ging auf Abstand. Als nichts Ungewöhnliches passierte und sie auch alles leergegessen hatte, ging ich jedes Mal ein bisschen näher, bis ich schließlich die Schüssel wieder in den Händen hielt und Kara daraus ihr Fleisch zu sich nahm.
Nun kam der nächste Schritt: Kara sollte ins Haus. Also wieder die Jungs weg und mit der Futterschüssel in der Hand ging ich zu Kara. Sie merkte sofort, dass ich etwas im Schilde führte und verhielt sich misstrauisch.
Ich gab ihr einen Brocken Fleisch und sie nahm ihn. Ich ging einen Schritt Richtung Haustür und hielt ihr den nächsten Brocken hin. Das klappte gut, bis wir an der Haustür ankamen.

Weiter wollte sie nicht. Ich stellte ihr die Schüssel in den Hausflur und ging zu den Jungs.
Nach einer Weile hörte man das Geräusch der Futterschüssel und Kara kam ins Wohnzimmer.
Sie schaute in unsere Richtung und legte sich hin. Kein Stress, kein Angriff, nichts. Nur den Blick zu uns. Ich ging in ihre Richtung und zur Küche. Sie ließ mich nicht aus den Augen.

Ich versuchte etwas Normalität in den Ablauf zu bringen und ging zur Toilette und wieder raus in die Küche, in den Heizraum und so weiter, bis Kara aufstand und sich auf mein Bett auf dem Boden legte.
„Na toll“, dachte ich.
Was ist, wenn ich sie nicht mehr runterbekomme?
Wo soll ich schlafen?
Was sagt meine Frau, wenn sie heimkommt?

Ich hatte noch etwas Zeit, also nutzte ich diese. Ich ging zu Kara und legte mich zu ihr. Sie ließ es ohne Probleme zu. Dann streichelte ich sie und versuchte, einfach ein bisschen Vertrauen aufzubauen. Nach einiger Zeit ging ich zu den Jungs und öffnete das Gitter. Sie liefen zu ihren Plätzen ins Wohnzimmer und legten sich hin.
Dann kam meine Frau nach Hause und erstarrte, als sie sah, dass Kara im Haus war. Sie fragte, wie gefährlich es sei. Ich erwiderte, dass es immer ein Risiko gäbe, aber wir wären auf einem guten Weg.
Der Plan war ursprünglich, dass Kara wieder raus gehen würde, aber das hatte ich nach kurzer Zeit verworfen. Kara sollte im Haus schlafen. Meine Frau sagte beim Essen, dass ich mir so langsam eine Wohnung suchen sollte, denn wenn Kara fertig wäre, wollte sie, dass die Hunde und ich hier ausziehen.

Dann ging sie ins Schlafzimmer und ich schlief wieder auf dem Boden neben Kara und den Jungs.

Als ich am nächsten Morgen aufwachte, schaute ich als erstes, ob es keine Verletzten gab und ob noch jeder atmete. Dann gingen wir gleich raus und machten zusammen einen Spaziergang.
Kara mit Maulkorb und die Jungs ohne.
Kara an der Leine und die Jungs frei.
Der ganze Spaziergang verlief sehr gut. Ok, wir hatten keine Begegnung mit Menschen oder Hunden, aber das würde in den nächsten Tagen und Wochen noch kommen.

5. Vertrauen

Kara hatte die Jungs und mich seit Tagen nicht mehr angegangen und auch nicht verletzt. Wir schienen auf dem richtigen Weg zu sein und das Schlimmste hinter uns zu haben.
In den nächsten Tagen arbeitete ich verstärkt am Vertrauen mit Kara. Das bedeutete, kleine Übungen zu machen, die sie bereits konnte und bei denen sie dafür immer eine Belohnung bekam. Da war von der Sitzübung, über Fußlaufen bis zum Abrufen alles dabei. Der Sinn dahinter war einfach: Kara musste verstehen, dass ihr hier nichts mehr passierte und sie einfach Hund sein durfte. Keiner, der ihr mehr weh tat.

Meine Verletzungen heilten auch so langsam ab, dass ich nunmehr wieder in der Lage war, mich richtig bewegen zu können. Also wurde in jeder freien Minute trainiert, wo es nur ging, aber ohne Kara dabei zu überfordern. Auch draußen wurden von Tag zu Tag die Fortschritte sichtbar.
Ich organisierte Begegnungen mit Kunden, deren Hunde ruhig waren, um mit Kara zu trainieren.
Hier nochmals meinen größten Dank an alle Helfer, die sich bereiterklärt hatten, Kara und mir zu helfen.
Wir trafen uns im Feld, wo es weitläufig war und nicht gleich zu viel Stress aufkam. Den Abstand zueinander verringerte ich wöchentlich. Auch die Hunde wechselte ich ständig durch, da sich Kara nicht an ein und denselben Ablauf gewöhnen sollte. Nach und nach steigerte ich auch das Potenzial der Hunde, die uns halfen. Und selbst das machte Kara sehr gut.
Jeden Abend schlief ich mit ihr und den Jungs auf dem Boden. Dazu hatte ich nun 3 Matratzen zusammengelegt, dass jeder genug Platz hatte und doch bequem schlafen konnte.

Auf meinem Hundeplatz trainierte ich den Rückruf, denn das Ziel war, dass Kara auch frei und ohne Maulkorb laufen durfte.
Mittlerweile waren Monate vergangen und das Training mit ihr war einfach toll. Es gab keinen Ausraster mehr, der auf ihre Vergangenheit hindeutete. Also suchte ich Kunden, die mir vertrauten, um Kara mit deren Hunden zusammenzubringen. Am Anfang natürlich noch mit Maulkorb. Es waren Bobtails, Golden Retriever, Rottweiler, Berner Sennenhunde und Schäferhunde dabei. Auch waren von allen beide Geschlechter vertreten, denn ich wollte Kara zu einem ganz normalen Hund trainieren.
Und ja, zunächst nur große Hunde, die Kara auch körperlich gewachsen waren.

Bis auf das ein oder andere Scharmützel gab es nichts, was dagegensprach, es auch ohne Maulkorb zu versuchen. Das Problem war nur, dass ich niemanden fand, der sich bereit erklärte, seinen Hund „zu opfern“. Verständlich, denn jeder kannte mittlerweile Kara und auch ihre Vorgeschichte. Und ich weiß selbst nicht, ob ich meinen Hund der Gefahr hingegeben hätte.
Also machten wir erstmal so weiter, das war besser als nichts. Kara hatte bis dato so viel Vertrauen zu mir, dass sie alles mitmachte, was anstand. Sie schaute ständig zu mir und vergewissert sich, ob alles richtig war, was sie da tat. Das war so schön zu sehen und mitzuerleben.
Eines Tages sprach mich ein Kunde an, der seinen Rottweiler-Rüden zur Verfügung stellen wollte, mit Kara zu trainieren - und das ohne Maulkorb.
Ok, wir machten einen Plan. Wir trafen uns an einem Sonntagmittag um 13:00 Uhr auf dem Hundeplatz und ich bestellte für 14 :00 Uhr weitere 11 Kunden zum Hundeplatz.
Warum?

Ich glaubte daran, dass es gutgehen und nichts passieren würde. Wenn alle anderen das sähen, hätten wir vielleicht mehr Trainingspartner.
Gesagt, getan.
Pünktlich um 13:00 Uhr war Bernd mit seinem Aaron da. Wir gingen zusammen auf den Platz und machten sofort die Leinen ab. Die Hunde kannten sich ja schon, nur eben mit Maulkorb.
Und es kam, was kommen musste:
Kara und Aaron rannten und spielten, als ob es das Normalste auf der Welt wäre.
Bei dem Anblick fing ich an zu Weinen. Wir hatten es geschafft. Nach fast einem Jahr intensivem Training und immer wieder Rückschlägen, konnte Kara endlich Hund sein.
Bernd und ich liefen auf dem Platz umher, um einfach für etwas Ablenkung zu sorgen. Ich hatte verschiedene Objekte dabei, die ich für Geräusche einsetzte: Dosen mit Steinen darin, die ich hinter mir herzog, einen Fußball, mit dem Bernd und ich kickten, kleine „Knall-Erbsen", um immer mal wieder verschiedene Geräusche und Ablenkungen mit einzubauen.
Nach und nach kamen alle anderen Kunden, die ich eingeladen hatte und schauten sich das Spektakel von außerhalb des Zaunes an.
Ich ging dann zu ihnen und fragte, ob sie sich nun trauten, ihre Hunde zu Kara zu lassen, ohne Maulkorb.
Die erste war bereit, eine Bobtail-Hündin. Tor auf, Leine ab und los gings. Ein schönes soziales Spiel zu dritt. Die nächste war eine Deutsche Schäferhündin, auch keine Probleme. Nun trauten sich alle. Es waren nun viele verschiedene Rassen und Geschlechter auf dem Platz und nichts passierte. Es war einfach großartig. Nach zwei Stunden machten wir Schluss, weil es auch irgendwann mal gut sein musste. Fertig war ich aber noch lange nicht. Dieser Tag war so schön und erfolgreich, dass nach dieser

langen Zeit und den vielen Verletzungen so ein Druck von mir abfiel, dass ich vor den Kunden anfing zu weinen. Ich konnte meine Tränen einfach nicht zurückhalten, weil es mich emotional so berührte.

In den nächsten Tagen suchte ich auch kleinere Hunde zum Üben. Immer erst mit Maulkorb und dann ohne. Immer war es der gleiche Ablauf: Kara sah den Hund und schaute zu mir, ob sie auch hindurfte. Ich gab ihr das Zeichen und Kara spielte mit dem Hund. Natürlich gab es auch mal den ein oder anderen Hund, der nichts von Kara, oder auch umgekehrt, wissen wollte. Aber das war ok, wir müssen auch nicht jeden Menschen mögen, aber respektvoll miteinander umgehen.

Der nächste Schritt stand nun auf dem Programm: Auch außerhalb des Hundeplatzes sollte das natürlich funktionieren. Also erst wieder Training, dass Kara ohne Leine lief und zuverlässig auf den Rückruf hörte. Dann Hunde organisieren, die Kara kannte und im Feld treffen. Trainieren, dass auch der Abruf aus dem Spiel heraus klappte und auch, dass sie nicht zu jedem Hund hinging, auch nicht zu denen, die sie kannte.
Erst auf mein Zeichen, das war sehr wichtig.
Es war nun soweit: Kara war ein Hund, wie jeder andere auch.

Nun kam der nächste Schritt, ein persönlicher. Wir mussten ausziehen. Seit Monaten schon suchte ich nach einer Bleibe, aber mit drei Rottweilern keine Chance.
Da kam meine Mutter und fragte, ob ich nicht zu ihr ins Haus ziehen wollte.
Nach dem Tod meines Vaters war sie ganz alleine mit ihrer Schäferhündin und im Keller war eine kleine Wohnung frei. Was gab es da noch zu überlegen? Alternativen gab es ja nicht und so zogen wir um.

6. Tierarzt

Nun musste auch endlich das Thema Tierarzt angegangen werden. Seit einigen Wochen ging ich immer mal wieder mit Kara zu unserer Tierärztin, um nur mal in die Praxis zu laufen und uns einen Keks abzuholen und danach wieder nach Hause. Egal was es Neues gab, wollte ich immer, sofern es auch umsetzbar war, alles langsam angehen.
Heute war nun der Tag, an dem Kara untersucht werden sollte. Also Maulkorb an und rein in die Praxis. Die Praxis war sehr voll und eigentlich war kein Sitzplatz mehr frei, aber als uns die anderen Kunden sahen, standen einige auf und wollten draußen warten.
Das werde ich nie verstehen: kaum sehen sie einen Hund mit Maulkorb, drehen alle durch. Was solls, wir setzten uns auf einen freien Platz und Kara legte sich ruhig neben mich, obwohl viele fremde Hunde da waren.
Als wir aufgerufen wurden, ging Kara zielstrebig zur Ärztin und wollte einen Keks haben, natürlich bekam sie den dann auch. Dann hob ich sie auf den Tisch, auch das hatte ich schon mit ihr trainiert. Erst wurde sie abgehört und komplett untersucht. Auch Blut wurde abgenommen, um zu sehen, ob alles in Ordnung war. Beim Abtasten bemerkte unsere Ärztin etwas an der linken Schulter. Sie wollte daraufhin ein Röntgenbild machen.
Also trug ich Kara auf den Röntgentisch und legte sie auf die Seite. Sie schaute mich an, weil sie nicht verstand, was da gerade passierte. Ich beruhigte sie und es wurden ohne Probleme zwei Bilder gemacht. Was dabei herauskam, war nicht das, was ich hören wollte. Unsere Ärztin fand an der linken Schulter etwas, das da nicht hingehört. Anscheinend einen

Tumor. Das brach mir das Herz. In dem jungen Alter und nach dem, was sie erlebt hatte, nun das.
Es ging nicht anders, Kara musste operiert werden. Wir vereinbarten einen Termin in wenigen Tagen. Als es soweit war, gingen wir wieder zur Praxis und legten Kara schlafen. Ich blieb im Wartezimmer, bis die Operation fertig war.
Plötzlich wurde es drinnen laut und man rief nach mir. Ich rannte rein und Kara bekam Anfälle und machte „Paddelbewegungen", Opisthotonus, myoklonische Krämpfe in Gesicht und Beinen. Mir wurde schlecht, aber ich musste stark sein, für Kara. Sie spritzten ihr ein Medikament und wir warteten, bis ihr Kreislauf wieder stabil war und die Operation stattfinden konnte.
Dann ging ich auf die Toilette und musste mich übergeben. Mir gingen tausend Gedanken durch den Kopf und ich betete, dass Kara es schaffte.
Nach einer Ewigkeit wurde ich hereingebeten und durfte zu Kara, die noch in der Aufwachphase war. Meine Ärztin erklärte mir alles und dass der Tumor erfolgreich entfernt wurde. Sie hatte auch den ganzen Körper geröntgt und dabei viele Verletzungen, die verheilt waren, festgestellt. Unter anderem gebrochene Rippen, die nicht optimal zusammengewachsen waren.
Und wieder fragte ich mich, was sie Kara nur angetan hatten.
Während sie langsam wieder zu sich kam, saß ich die ganze Zeit auf dem Boden bei ihr. Sie sollte nicht alleine sein. Nach einer langen Zeit war Kara soweit wach und wiederhergestellt, dass ich mit ihr nach Hause durfte. Zuhause hatte ich einen Bereich im Wohnzimmer abgetrennt und den Untergrund schön weich vorbereitet, damit sie in Ruhe zu Kräften finden konnte. Kara schlief ein und ich neben ihr auch. Gegen Abend wurden wir wach und ich führte sie nach draußen, damit sie ihr Geschäft

machen konnte. Ich hatte auch extra eine Tragehilfe besorgt, dass sie ihre Schulter nicht so stark belasten musste.
Dann wieder rein und ausruhen.
Arny und Cash schienen das alles zu verstehen und akzeptierten es, ins „2. Glied“ zu rücken.
Am nächsten Tag wollte Kara schon wieder alles machen, Schmerzen kannte sie anscheinend nicht. Wir gingen im Garten spazieren, denn kontrollierte Bewegung war wichtig. Danach wieder rein. Sie legte sich wieder hin und ich ging mit den Jungs eine größere Runde Gassi. Am Mittag mussten wir nochmals zum Tierarzt, um eine kurze Kontrolle zu machen, dann wieder nach Hause, um die nächsten Tage unser Schonprogramm zu absolvieren.
Nach einer Woche konnte Kara dann wieder ohne Tragehilfe laufen, aber musste an der Leine bleiben, damit sie es nicht übertreiben konnte.
Nach insgesamt 4 Wochen war sie wieder so weit hergestellt, dass alles wie vorher machbar war.

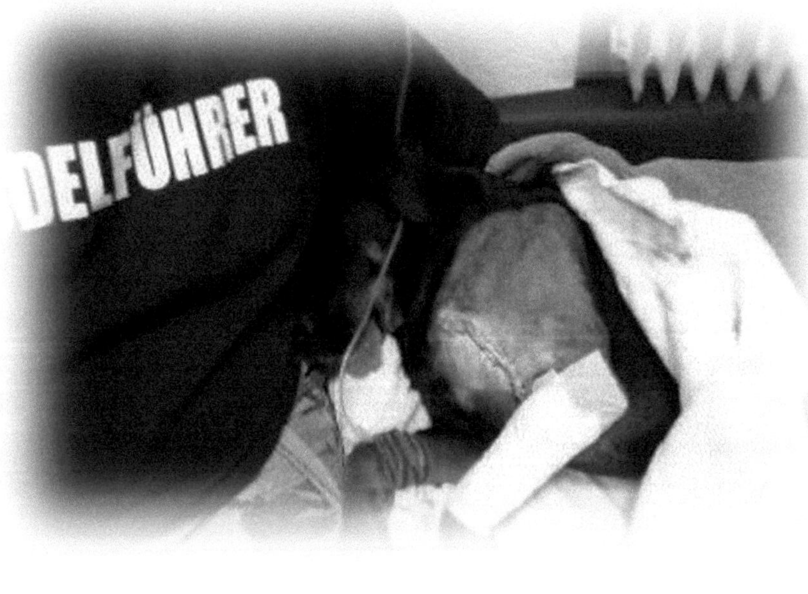

7. Wesenstest

Nachdem Kara mittlerweile 3 Jahre bei uns war und wir hier im Ort, aufgrund ihres Aussehens mit dem Maulkorb, immer mehr Gegenwind bekamen, entschied ich mich, einen freiwilligen Wesenstest zu absolvieren, um den komischen Menschen mal den Wind aus den Segeln zu nehmen.
Es wurde in einer Straße, durch die ich öfters lief, sogar eine Petition rumgereicht, die dem Bürgermeister vorgelegt wurde, mit der Begründung, ich dürfte mich da nicht mehr aufhalten. Ich nahm mit der Ordnungsbehörde, dem Veterinäramt und der Polizeihundestaffel Kontakt auf und erklärte ihnen mein Anliegen.
Es dauerte lange, bis wir endlich den Test machen konnten. An besagtem Tag kam die Polizei um 10:00 Uhr zu uns, um Kara in ihrem gewohnten Zuhause zu begutachten. Eine Polizistin war dabei und nach kurzer Zeit saß sie mit Kara auf dem Boden und streichelte sie. Die Polizei stellte viele Fragen über Kara und ihre Vorgeschichte. Dann gingen wir nach draußen und in den angrenzenden Wald. Hier wurden einige Tests mit Kara und mir gemacht. Alles verlief bis dahin supergut.
Dann holten sie ihre beiden Polizeihunde dazu, um die Tests zu intensivieren. Auch dabei blieb Kara ruhig und vertraute mir. Die beiden anderen Hunde bellten und führten sich schrecklich auf, aber Kara blieb ruhig. Nun sollte ich Kara an einem Baum festbinden und weggehen. Ich fragte, wozu das gut sei. Der Polizist antwortete, dass er sie nun bedrohen wollte, um ihr Potenzial zu sehen. Daraufhin fragte ich ihn, ob er die falschen Tabletten genommen hätte. Das würde nicht gemacht, unter keinen Umständen und ich erklärte dieser Fachkraft nun mal was.

Kara war ein Kampfhund, der monatelang bedroht und misshandelt wurde. Was sollte denn bitte dabei herauskommen, wenn sie nun so bedroht werden sollte? Meine ganze Arbeit und das ganze Vertrauen der zurückliegenden Jahre würde eventuell dadurch zerstört werden.
Darauf hatte er keine Antwort parat. Nun erklärte ich ihm mal einen Test.
Er und seine Kollegin sollten doch ihre Hunde nehmen und ich laufe mit Kara ohne Leine und ohne Maulkorb an ihnen vorbei. Und dass es noch aussagekräftiger würde, auf zwei Meter Abstand. Bei dem Vorschlag wurden die beiden doch etwas nervös. Aber sie machten mit, nur den Maulkorb sollte ich bitte drauflassen.
Gesagt, getan.
Aufstellung der Polizei und ihre Hunde gingen gleich auf Betriebstemperatur. Ich redete mit Kara, dass sie mir nun sehr vertrauen müsse, und wir gingen ohne Leine ganz ruhig daran vorbei.
Dann schlug ich vor, das ganze mal umzudrehen. Ich würde mich an den Rand stellen und die anderen Hunde sollten ohne Leine vorbeilaufen. Das konnten sie nicht tun, weil die beiden Polizisten zugaben, dass ihre Hunde nicht so gut hörten wie Kara.
Aha, und Sie machen Wesenstests???
Wir machten noch verschiedene Alltagsübungen und unsere Prüfung war zu Ende.
Tage später bekam ich vom Ordnungsamt unseren Westenstest zugesand, den Kara mit Bravour bestanden hatte. Mit dem Dokument ging ich dann auch zu unserem Bürgermeister und erklärte ihm, dass ich so ein Vorgehen der Bevölkerung in Zukunft zur Anzeige bringen würde.

8. Sozialdienst

Kara war wieder ein „normaler" Hund, deren Vergangenheit auch vergangen war. Das Potenzial war da, mehr aber auch nicht. Bei einem Seminar, an dem ich teilnahm, erzählte der Trainer, dass er mit seinen zwei Hunden in ein Altersheim ginge, um den älteren Menschen eine Freude mit seinen Hunden zu machen.
Je mehr ich darüber nachdachte, desto mehr Gefallen fand ich an der Idee. Aber wie ginge ich das an?

Wieder zuhause rief ich einfach mal ein Seniorenheim in der Nähe an, um mein Anliegen zu besprechen. Sie waren sehr aufgeschlossen und luden mich zu einem persönlichen Treffen ein. Als ich ankam und sie meine Hunde sahen, riefen sie entsetzt:
„Das sind doch Kampfhunde?"

Mir blieb echt die Spucke weg. Ich erklärte, dass Rottweiler keine Kampfhunde seien, aber das war den Herrschaften egal. Wir wurden beschimpft und des Platzes verwiesen.
Ich verstand die Welt nicht mehr. Mein einziges Anliegen war, den Bewohnern eine Freude zu machen. Einfach ihren Alltag mit etwas Ablenkung aufzuhellen. Doch das wurde von der Verwaltung zerstört. Verärgert fuhren wir wieder nach Hause.

Nach einigen Tagen, an denen mich dieses Thema weiterhin beschäftigte, rief ich weitere Seniorenheime an, um unsere Dienste anzubieten. Das alles wollte ich ehrenamtlich machen. Die 5. Unterkunft hatte endlich ein offenes Ohr für uns. Bei ihnen wohnte eine Hundehalterin, deren Hund verstorben war und sie würden sich freuen, wenn wir diese Lücke schließen könnten. Auch als ich sagte, dass es sich um Rottweiler handelte, waren sie nicht abgeneigt.

Also fuhren zunächst Kara und meine Wenigkeit zu einem ersten Treffen in dieser Einrichtung. Ich wusste nicht wirklich, was auf uns zukäme, aber ich vertraute Kara und unserem Training der letzten Jahre.
Die Frau aus der Verwaltung, die auch zukünftig für den Sozialdienst und somit auch für mich zuständig war, begrüßte uns bereits auf dem Parkplatz. Kara wurden sofort Kekse angeboten, die sie nach einem kurzen Blick zu mir auch sehr gerne annahm.
Wir gingen dann ins Büro und mir wurden sehr viele Fragen gestellt. Normalerweise nahmen sie nur Hunde mit einer Prüfung an, doch sie hätte sich über mich informiert und da ich Hundetrainer bin, würden sie hier eine Ausnahme machen. Nach unserem Gespräch wurde uns das ganze Haus gezeigt. Wir gingen über eine Stunde lang zusammen durch das Anwesen. Bei einigen Bewohnern, die interessiert waren, blieben wir auch eine Weile stehen und sie durften Kara streicheln.
Dann mussten wir zum Ende kommen, da ich merkte, dass es Kara nun zu viel wurde. Also wieder ins Büro zum Schlussgespräch. Mir wurde dann mitgeteilt, dass wir gerne wiederkommen durften. So machten wir gleich Termine für die nächsten Wochen aus und jeden Mittwochmorgen fuhren wir ins Seniorenheim. Monatelang nur mit Kara und später auch mit meinen damaligen Hunden Baba, Eyko, Tina und dem Dalmatiner Timmi.
Kara hatte so ein ruhiges Auftreten, dass sie meinen anderen Hunden diese Ruhe vermittelte, die in so einer Einrichtung von Nöten ist.
Mal nur mit einem Hund oder auch mit mehreren gleichzeitig. Je nachdem, was ich vorhatte und wie die Hunde drauf waren. Wir gingen zu einigen Bewohnern ins Zimmer oder machten Spiele im Gemeinschaftsraum.

Die Menschen hatten richtig Spaß und fragten schon während unseres Daseins, wann wir wiederkommen würden.
Auch verliebten sich einige Bewohner in bestimmte Hunde und waren auch mal traurig, wenn „ihr" Hund mal nicht dabei war. Doch das dauerte nie lange, denn unsere Vorführungen brachten alle zum Lachen und Staunen.
Ich studierte einige kurze Geschichten mit den Hunden ein, zum Beispiel setzte ich Kara hin und ließ mich in 5 Metern Entfernung auf den Boden fallen, dann kam Kara auf mich zu und sprang auf meinen Brustkorb, um mich wiederzubeleben. Zum Abschluss gab sie mir einen Kuss, damit es wie Mund-zu-Mund-Beatmung aussah und die Leute klatschten und waren begeistert.

Eine Begegnung ging mir besonders an die Nieren und beschäftigt mich noch heute. Ein Pfleger kam auf mich zu und fragte, ob ich mit meinen Hunden mal in ein Zimmer kommen würde, in dem eine Frau Schneider seit Monaten läge, ohne ein Wort zu sprechen. Sie war über 80 Jahre alt und dement. Sie hatten schon alles probiert, doch nichts half. Sie sagte kein Wort.
Also ging ich an diesem Tag mit Kara und Timmi in das Zimmer. Frau Schneider lag im Bett und man sah, dass sie nicht mehr leben wollte. Ich kannte das und sah es in ihren Augen. Kara legte ich neben das Bett auf den Boden und Timmi brachte ich dazu, mit seinen vorderen Pfoten auf das Bett zu gehen. Minutenlang redete ich mit Frau Schneider über unsere Hunde und was ich hier tat. Plötzlich ging ihre Hand zu Timmi und streichelte ihn leicht, sehr vorsichtig. Das war schön. Auch Kara holte ich hoch und auch sie wurde gestreichelt.
Nach ca. 20 Minuten sagte der Pfleger, dass wir dann wieder gehen sollten, es sei genug für heute und Frau Schneider

brauchte nun etwas Ruhe. Ich verabschiedete mich und beim Rausgehen sagte die Frau:
„Tschüss Timmi."
Ich erschrak kurz und drehte mich um, Frau Schneider streckte ihre Hand nach uns aus und sagte nochmals:
„Tschüss Timmi."

Monatelang hatte diese Frau kein Wort gesprochen und meine Hunde Kara und Timmi brachten sie zum Reden. Der Pfleger und ich weinten und ich blieb noch ein bisschen bei ihr.
Als ich mich dann verabschiedete, drückte sie meine Hand. So, als wollte sie sich bei uns bedanken.
Ich versprach, nächste Woche wiederzukommen. Sie lächelte und winkte ganz zart zum Abschied. Das ging mir so nahe, dass ich den Besuch an diesem Tag beenden musste. Der Pfleger bedankte sich unter Tränen und freute sich zugleich, wenn wir nächste Woche wiederkämen.
Dieses Erlebnis habe ich bis heute nicht vergessen.
Die darauffolgende Woche ging ich wieder mit Timmi und Kara zu der Station, auf der Frau Schneider lebte und die wir besuchen wollten. Als ich mit dem Aufzug an dem Stockwerk ankam und sich die Tür öffnete, kam auch gleich eine Schwester auf mich zu und bat mich zu warten, bis der zuständige Pfleger käme. Da wurde mir schon etwas mulmig. Als er kam, bat er uns in ein Zimmer und wir sollten Platz nehmen. Er sagte unter Tränen, während er Kara streichelte, dass Frau Schneider einen Tag nach unserem Besuch in der letzten Woche gestorben sei. Er weinte bitterlich, als er mir das sagte und es ließ auch mir die Tränen kommen.

Er hatte noch einen Zettel von ihr, den er mir geben sollte. Frau Schneider hatte ihn gebeten, mir diesen Zettel zu übergeben. Darauf stand:
„Danke lieber Timmi.“

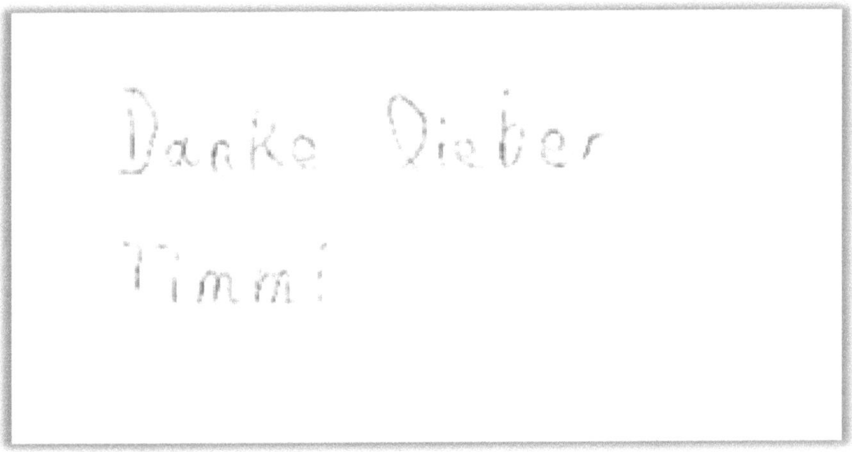

Auch wenn es bei dieser Geschichte mehr um Timmi ging als um Kara, so war sie doch immer dabei und gab auch Timmi diese Ruhe, die wir bei den Senioren brauchten.
Wir gingen an diesem Tag wieder nach Hause, denn das Geschehene berührte mich zu sehr, als dass ich noch weitermachen konnte.
In den folgenden Wochen kam ich wieder ganz normal zu der Einrichtung, doch das Erlebte ließ mich nicht mehr los.
Im Laufe der Zeit besuchten wir auch zwei weitere Seniorenheime und eine Tagesstätte. Hier wohnten die Senioren nicht, sondern wurden morgens gebracht und abends wieder abgeholt. In der Tagesstätte waren die Senioren auch mehr beschäftigt als im Seniorenheim, sodass ich mich nach kurzer Zeit wieder nur den Heimen widmete.

Über die nächsten Monate bauten wir sogar ein kleines Programm auf, das die Senioren zum Lachen brachte und diese auch ins Geschehen mit einband. Das war richtig schön und Kara war der Topstar unter meinen Hunden.
Ich brachte ihr verschiedene Übungen bei, mich wiederzubeleben war nur eine davon. Bei einer Übung trug ich ein sehr großes T-Shirt und setzte mich an einen Tisch der Bewohner. Kara war unter dem Tisch, krabbelte in mein T-Shirt und schaute plötzlich im viel zu großen Halsausschnitt heraus. Einer Bewohnerin viel vor Lachen sogar das Gebiss aus dem Mund.

Das war eine sehr große Freude für die Menschen. Einer sagte auch mal, dass wenn er keine Luft mehr bekommen würde, müssten sie Kara anrufen, die ihn dann wiederbelebte.
Es war sehr schön zu sehen, wie die Menschen Freude daran fanden.

Nach einigen Jahren musste ich leider das Seniorenheim verlassen, weil immer mehr Bewohner dazukamen, die Angst vor Hunden hatten und sich darüber beschwerten, dass sich Hunde in diesem Haus aufhielten und dies wollten sie nicht. Das war sehr schade und machte uns traurig. Aber uns waren die Hände gebunden und so war dieses soziale Engagement für uns leider beendet.

Hunde brechen das Eis

Südpfälzischer Hundetrainer besucht mit seinen Tieren alte Menschen in Senioreneinrichtungen

„Ich möchte, dass die Menschen aufblühen", sagt Dieter Paul über sich. Der 45-Jährige geht mit seinen Hunden in Altenpflegeeinrichtungen. Die Besuche geben nicht nur den Senioren viel.

Die Rottweiler öffnen Türen, damit die Senioren aus sich herauskommen, erzählt Dieter Paul.

9. Berlin

Es gab vor vielen Jahren eine Zeit, in der ich öfters mal Autos gekauft und wieder verkauft hatte, um über die Runden zu kommen. Dabei fiel mir auf, dass im Großraum Berlin diese Fahrzeuge am günstigsten waren, warum auch immer, aber das ist schon sehr lange her. Einer meiner Hunde, den ich zusammen mit Kara hatte, war Arny. Ihm wurde im Auto immer schlecht. So sehr, dass er sich übergeben musste, und das schon nach wenigen 100 Metern. Ich hatte alles probiert, was man so kennt, verschiedenes Training und verschiedene Positionen im Auto, nichts hatte geholfen. Sogar 9 verschiedene Fahrzeuge von Freunden hatte ich damals ausprobiert. Immer musste ich diese danach reinigen, weil sich Arny auch darin übergeben hatte. Irgendwann hatte ich einfach keine Lust mehr dazu und auch keine Idee mehr. Ich hatte schon damit abgeschlossen, dass dieser Hund einfach bei uns zuhause leben würde und wir nie mit ihm wegfahren könnten. Da kam ein guter Freund und überredete mich, doch mal seinen amerikanischen Van auszuprobieren. Ich wollte eigentlich schon gar nicht mehr, aber er hatte mich regelrecht genötigt. Innerlich schon wieder die Putzaktion vor Augen, ließ ich mich dann doch darauf ein. Vorsichtshalber hatte ich das ganze Fahrzeug mit Decken und Handtüchern ausgelegt, um dem Wahrscheinlichen vorzubeugen.

Ich kann es bis heute nicht erklären, aber Arny sprang hinein und wir fuhren über eine Stunde spazieren. Arny saß im Van und schaute gemütlich aus dem Fenster oder legte sich hin. Ihm gefiel das sehr.

Also was tun? Wer mich kennt, weiß, dass ich alles für meine Hunde tue. Also suchte ich im Internet nach einem Ami-Van.

Und da kam Berlin wieder zum Vorschein. Ich fand einen, der genau diese Basis hatte, die ich wollte. Denn es sollte nicht nur das passende Fahrzeug sein, sondern auch mir gefallen.
Ich machte mit dem Besitzer einen Termin und sagte ihm, dass ich mit Zug und Hund anreisen würde und es wäre schön, wenn er uns am Bahnhof abholen könnte.
Gesagt getan.
Ich besorgte mir zwei Zugtickets, denn Hunde müssen auch eine Fahrkarte haben. Sie brauchen zwar nur ein Kinderticket, aber Anspruch auf einen Platz haben sie nicht. Also machte ich mich mit Kara auf den Weg nach Berlin.
Kara nahm ich mit, weil ich viel Bargeld dabei hatte und mit ihr an meiner Seite war das mehr als sicher.

Von Rohrbach aus ging es früh morgens nach Karlsruhe, hier mussten wir umsteigen in den ICE nach Berlin. Die Fahrt dauerte lange und ich hoffte, dass Kara durchhalten würde, was ihr Geschäft anging.
Sie hielt durch, aber ich nicht.
Was sollte ich nun tun, ich saß alleine in einem Abteil mit 6 Sitzplätzen, mit Kara und meinem Gepäck. Wie sollte ich da auf die Toilette gehen? Ich wartete, bis ein Schaffner zur Ticketkontrolle kam. Diesen fragte ich einfach, ob er kurz aufpassen würde. Er sagte, das ginge klar, aber er würde nicht in das Abteil zu diesem Hund gehen. *„Auch gut"*, dachte ich mir und sagte Kara, dass sie warten sollte. Der Schaffner stand dann vor dem Abteil und bewachte mit allem, was er hatte, unser eigenes Abteil. Als ich zurückkam, bedankte ich mich bei dem Schaffner und ging wieder zu Kara.
Bis Berlin kamen immer wieder Leute, die einen Sitzplatz suchten, in das Abteil, aber als sie Kara sahen, blieben sie lieber draußen im Wagon stehen oder setzten sich auf ihre Koffer.
Selbst schuld.

Nach Stunden kamen wir dann am Berliner Hauptbahnhof an. Nun mussten wir umsteigen und auch Kara konnte sich endlich etwas ihre Beine vertreten. Der nächste Zug war für 20 Minuten eine kleine Bummelbahn. Als wir diese betraten, machte uns jeder Platz. Wir suchten uns eine ruhige Ecke und warteten, bis unsere Endstation dran war. Dann war dieses Thema für uns erst mal erledigt.

Außerhalb des Bahnhofes wartete schon der Besitzer des Vans. Ich sagte ihm, dass ich erst mit Kara ein bisschen laufen müsste und in wenigen Minuten wiederkommen würde. Nach unserem kurzen Spaziergang gingen wir dann zurück, um uns mit dem Besitzer zu unterhalten und uns das Fahrzeug anzuschauen. Mir war sehr schnell klar, dass dieses Fahrzeug unseres werden sollte. Es ging auch ganz schnell, kurze Preisverhandlung und dann war dieser Van unser.
Wir fuhren den Besitzer zu seinem Zuhause und machten uns mit vielen Pausen auf den Heimweg. Morgens um 03:00 Uhr waren wir dann wieder zuhause. Kara hatte die ganze Fahrt über neben mir geschlafen. In den nächsten Monaten baute ich dann den Van so um, dass er mir gefiel und Arny endlich das passende Fahrzeug hatte.
Mir schwebte der Bus vom A-Team vor, nur besser, breiter und brutaler.

Darf ich vorstellen:

Arnys Rotti Express

Nach einiger Zeit suchte ich wieder ein Auto: Einen kleinen Kastenwagen, den ich als Geschäftsfahrzeug nehmen wollte. Und auch hier war Berlin eine gute Adresse. Ich fand einen mit der Ausstattung, die ich wollte. Wieder rief ich den Besitzer an und erzählte, dass ich mit Hund anreisen würde und er mich bitte vom Bahnhof abholen sollte. Preislich war dieses Fahrzeug ein guter Fund und ich brauchte dabei nicht zu handeln. Also machte ich mich wieder mir Kara auf den Weg nach Berlin.

Von Rohrbach ging es wieder nach Karlsruhe und dann wieder mit dem ICE nach Berlin Hauptbahnhof. Ich versuchte immer eine Zugverbindung zu nehmen, bei der wir die wenigsten Umstiege hatten, so dass es für Kara am angenehmsten war.
Leider hatte ich an diesem Tag eine Erkältung und musste öfters auf die Toilette. Ich suchte mir ein leeres Abteil, von dem aus der Weg zur Toilette nicht zu weit war. Zweimal half uns wieder ein Schaffner, dann traute sich doch eine junge Frau zu uns ins Abteil. Sie hieß Nina und war wirklich sehr nett. Wir unterhielten uns sehr gut und die Zeit verging dadurch viel schneller.
Ich fragte, ob sie auf meine Kara aufpassen würde, wenn ich zur Toilette ginge, das war kein Problem für sie. Aber da ich diese Person ja nicht kannte, wollte ich gerne ihren Ausweis als Pfand, damit sie auch noch da wäre, wenn ich zurückkäme. Sie lachte, aber war gerne bereit, mir diesen Gefallen zu tun. Es wurden dann schließlich 4 Gefallen bis Berlin.

In Berlin verabschiedeten wir uns und Kara und ich suchten den Besitzer des Autos. Wir mussten eine Rolltreppe benutzen und Kara kannte so etwas nicht und traute sich auch nicht darauf zu gehen. Also nahm ich Kara hoch und legte sie auf meine Schulter. Das war noch ok, aber als ich meinen Rucksack noch dazu nehmen wollte, war ihr das zu viel Stress und sie

strampelte, dass ich sie wieder runterließ. So, was nun? Ich setzte mich zu Kara auf den Boden und redete mit ihr, dass sie mir vertrauen müsse, sonst ginge das nicht. Und sie vertraute mir. Also nochmals diese 48 Kilo auf die Schulter und den Rucksack und dann die Rolltreppe hoch. Viele Leute schauten uns zu und machten Bilder. Im Nachhinein ist es schade, dass ich keins davon habe.
Der Fahrzeugbesitzer hatte mir gesagt, wo ich ihn suchen musste und es dauerte auch nicht lange, bis ich ihn fand. Als er uns sah, erschrak er und fragte, was das für ein Hund sei. Ich verstand nicht ganz und sagte, dass wir doch besprochen hatten, dass ich einen Hund mitbringen würde. Er stammelte nur, das sei doch kein Hund, er dachte ich käme mit einem kleinen.
„Was nun?“ fragte ich. Er sagte, dass ich ihm bitte nicht zu nahekommen sollte und wir gingen im Abstand von 20 Metern zu seinem Fahrzeug. Ich setzte Kara ab und schaute mir das Auto an. Es war genau das, was ich suchte. Sogar 4 weitere neue Reifen waren dabei. Also ich wollte es kaufen. Der Besitzer wollte uns ursprünglich mit zu sich nach Hause nehmen, denn die Papiere hatte er nicht dabei. Aber mit Kara im Auto wollte er das nicht. Was also tun? Da ich das Auto kaufen wollte, rief er seinen Sohn an, dass dieser die Papiere bringen sollte. Das dauerte jedoch fast eine Stunde. Ich ging in dieser Zeit mit Kara Gassi. Als ich zurückkam, war auch der Sohn mit den Papieren da und wir konnten alles erledigen.

Dann machten wir uns wieder mit dem neuen Auto auf die Heimreise. Es war mittlerweile schon 20:00 Uhr abends und ich war müde. Diese Nacht würde ich nicht schaffen durchzufahren. Also fuhr ich gegen 22:00 Uhr an eine Raststätte zum Tanken und um zu schlafen.
Während ich tankte, fiel mir ein junger Mann auf, der eine Mitfahrgelegenheit suchte. Ich sprach ihn an, dass er mitfahren könnte, wenn er unser Auto fahren würde. Ich würde mich dann hinten schlafen legen. Er bedankte sich und stimmte zu. Aber ganz so blauäugig bin ich ja auch nicht. Ich sagte ihm, dass ich auf der Rückbank schlafen und meine Kara bei ihm vorne sitzen würde.
Ganz nach dem Motto: Vertrauen ist gut, Kontrolle ist besser.
Er hatte zwar etwas Bedenken, aber keine wirkliche Alternative, also willigte er ein und so machten wir uns auf den Weg, um Zeit zu sparen.

Er fuhr bis hinter Nürnberg, da musste er dann raus. Er weckte mich und anschließend verließ er uns wieder. Den Rest der Strecke schafften wir auch ohne ihn.

Nach einigen Wochen bekam ich Post von der Obrigkeit. Wir wurden in dieser Nacht geblitzt und das hat mir der Kerl nicht verraten.
Ich versuchte, um diese Strafe herumzukommen und schilderte den Beamten, was da genau passiert war. Dass ich dieses Auto nicht gefahren hatte. Aber sie glaubten mir nicht, dass ich einem Anhalter mein Auto anvertraute und diesen durch einen Hund nicht aus den Augen ließ.
Also zahlte ich eben die Rechnung.

10. K9 Training

Vor Jahren las ich im Internet, dass es die Möglichkeit gab, in der Lüneburger Heide eine K9 Trainingsveranstaltung mitzumachen.
Extra für Anfänger und jeder durfte sich anmelden, die einzige Voraussetzung war, dass der Hund eine guten Grundgehorsam haben musste. Es wurden Trainingsschritte aus dem K9 Trainingsprogramm aufgezeigt und auch mit umgebauten Waffen auf Ziele geschossen. Der Hund sollte nicht der schreckhafteste sein, musste jedoch nicht „schussfest" sein, da es sich um eine umgebaute Waffe handelte, die mit Farbkugeln schoss, immer nur zwei Schuss hatte und vom Druck her sehr abgeschwächt war.
Das hörte sich für mich sehr interessant an. Das K9 Training fasziniert mich schon lange, aber nur aus Sicht eines Diensthundes. Es beeindruckt mich, was diese Hunde zu leisten im Stande sind. Und nun gab es einmal die Chance, da reinzuschnuppern. Also meldete ich mich sofort an und bekam den letzten noch verfügbaren Platz.

Nun stellte ich mir die Frage, welchen meiner Hunde ich mitnehmen sollte, denn pro Person war nur einer erlaubt. Ich entschied mich für Baba. 2 Tage vor dem Termin ging es Baba allerdings nicht so gut, er hatte Durchfall. Ich rief bei dem Veranstalter an, um zu fragen, ob ich mit einem anderen Hund kommen durfte, denn ich wollte Baba die lange Fahrt nicht zumuten. Es war möglich und ich entschied mich für Kara.
An einem Freitagmorgen machte ich mich mit Kara auf den langen Weg. Am späten Nachmittag kamen wir kurz vor Hamburg an. Es war mitten im nirgendwo ein Camp aufgebaut, wo jeder Teilnehmer mit seinem Hund ein eigenes Zelt hatte.

Ich meldete uns an und ging mit Kara über das riesige Areal spazieren. Es waren 20 Teilnehmer gemeldet, von denen aber nur 17 kamen.
Es war eine Frau und der Rest Männer.
Egal, wir waren hier.
Außer uns war noch ein Rottweiler da und der Rest hauptsächlich Belgische Schäferhunde. Wir gingen im großen Mannschaftszelt noch etwas essen und dann ins Bett.

Samstag morgens um 05:00 Uhr ging ich mit Kara Gassi, denn um 06:00 Uhr fing das Training mit der ersten Besprechung schon an.
Es wurde versucht, uns allen einen realistischen Eindruck über so ein Training und einen Einsatz zu vermitteln.
Wir bekamen extra Kleidung für uns und unsere Hunde. Die Sicherheit unserer Hunde stand ganz oben auf der Tagesordnung. Man hatte das Gefühl, dass jedem von uns Menschen etwas passieren durfte, aber bloß nicht den Hunden.
Es wurden uns die Waffen erklärt und dann ging es raus, um zu trainieren. Der Drill Instruktor erklärte uns mit seinem Hund eine Übung und wir mussten versuchen diese nachzumachen.
Ich dachte zwischendurch, dass wir gleich wieder heimfahren könnten, denn was da gezeigt wurde, war schon der Hammer.
Unser Drill-Instruktor machte auch zwischendurch mit seinem Hund fertige Übungen vor, nicht nur einfach Sitz, Platz und Fuß laufen, sondern das alles im Laufen und Rennen.
Den Hund links und rechts, sogar zwischen seinen Beinen, während er in die Knie ging.
Aber nach der ersten Vorführung nahm unser Drill-Instruktor den Druck raus und wir übten einfach und schauten, was dabei herauskam. Kara machte alle Übungen sehr gut mit und war hoch konzentriert.

Es wurden viele Pausen für unsere Hunde gemacht, aber der Drill-Instruktor wurde nicht müde, immer wieder zu erklären, dass die Pausen für die Hunde da sind und nicht für uns Menschen. Wir mussten während der Pausen Sport machen, mit der kompletten Montur.
Mittags gab es eine kurze 20-minütige Pause für alle, in der wir auch eine Kleinigkeit zu essen bekamen. Am Abend um 18:00 Uhr war der erste Tag beendet.
Ich brauchte eigentlich nichts mehr und wollte nur schlafen gehen.
Doch auch da wurde uns ein Strich durch die Rechnung gemacht. Der Drill-Instruktor sagte, dass hier unter seinem Kommando keine Weicheier trainierten und daher mussten wir im Mannschaftszelt antreten. Gemeinsames Essen und Besprechung des Tages. Die Hunde durften ausruhen.
Mir und den anderen fielen immer wieder die Augen zu, doch der Drill-Instruktor machte uns immer wieder wach. Unsere Hunde waren alle müde und schliefen, nur wir Kasper mussten die Augen offen halten.
Der Drill-Instruktor ging immer wieder durch die Reihen und streichelte unsere Hunde, dabei sagte er immer zu jedem Hund, dass er alles gut gemacht habe. Doch uns Menschen gab er ständig was hinter die Ohren, wenn wir uns nicht anstrengten.
Und dafür zahlten wir auch noch Geld.
Gegen 21:00 Uhr durften wir in unser Zelt und jeder wollte nur noch schlafen. Sonntag morgens mussten wir wieder um 05:00 Uhr raus, um uns um die Hunde zu kümmern, ehe um 06:00 Uhr das Training wieder losging.
Einer der Hunde war anscheinend so fertig und müde, dass der Halter sehr streng zu ihm war und ihn fast nötigte aufzustehen. Da wurde unser Drill-Instruktor richtig sauer und nahm sich den Halter vor versammelter Mannschaft vor.

Wenn ein Hund nicht mehr konnte oder eine Pause brauchte, müssten wir Rücksicht nehmen. Wer das nicht verstünde, könne sofort abreisen. Das war deutlich, aber das gefiel mir auch. Denn bei allem Ehrgeiz und Druck, gab es nichts Wichtigeres als unsere Hunde.
Er erklärte uns auch, dass sich im Notfall jeder K9 Hundeführer auf seinen Hund verlassen müsse und könne. Ohne seinen Hund, sei man nichts.
Nach dieser Ansprache brannte ich noch mehr. Aber anders als vorher. Ich machte das Training nun mit anderen Augen, ich machte es für Kara. Ich hatte das Gefühl, dass sie das auch spürte, wir waren mehr eine Einheit als am ersten Tag.

Nach dem Training am Morgen und der kurzen Pause gab es mittags einen gestellten Einsatz für uns. Wir mussten in Teams mit 3 Mann/Hunden auf einem Gelände eine gefangene Person aus den Händen von Kidnappern befreien. Es war schwer, hat jedoch bei jedem Team funktioniert.
Kaum zu glauben, was man in zwei Tagen mit seinem Hund erreichen kann, wenn man den Blick bei seinem Hund hat.
Als wir gegen 17:00 Uhr fertig waren, gab es im Mannschaftszelt wieder die Tagesbesprechung und etwas zu Essen. Dann lernten wir auch einen ganz anderen Drill-Instruktor kennen.
Einen der nicht im Dienst und auch fertig war. Er war freundlich und hatte für jeden aufmunternde Worte parat, auch ein Lob für uns kam über seine Lippen. Er erzählte Geschichten von vergangenen Einsätzen und was die Hunde bei K9 leisten. Auch dass er so hart sein musste, da es in echten Einsätzen um Leben und Tod gehe, da könne sich niemand Fehler erlauben.
Es war richtig interessant. Dann durften wir wieder zum Schlafen in unsere Zelte für den letzten Tag.

Morgens wieder das Übliche mit 05:00 Uhr aufstehen und 06:00 Uhr Besprechung.
Aber heute war wirklich auch Spaß dabei. Unser Drill-Instruktor ging mit jedem von uns einzeln über einen Parcours und erklärte in Ruhe alles, worauf es ankam. Dann gingen wir wieder in wechselnden Teams den Parcours ab und mussten auf bestimmte Ziele schießen. Die Waffen machten nur kurze Zischlaute und keinem unserer Hunde machte das noch etwas aus.
Zum Abschluss durften wir noch ein echtes Team mit ihren Hunden bei dem Parcours beobachten und feststellen, dass zwischen denen und uns Welten, wenn nicht sogar ein ganzes Universum lagen.
Das Beeindruckendste war für mich, als ein Hubschrauber kam und sich die Männer mit ihren Hunden abseilten und direkt Vollgas gaben.
Einmal kam der Hubschrauber langsam ca. 2 Meter über den Boden und ein Hund sprang heraus und rannte zu einem Verbrecher, um diesen zu Fall zu bringen.
Der helle Wahnsinn.

Danach war für uns das 3-tägige Trainingsprogramm zu Ende.
Wir durften/mussten wieder heim fahren, denn die K9 Einheit machte nun unter Ausschluss der Öffentlichkeit alleine weiter.
Also machten Kara und ich uns auf den Heimweg.

Nachdenklich, glücklich und erschöpft kamen wir mitten in der Nacht zuhause an. Ich schlief mit Kara und unseren anderen Hunden gemeinsam auf dem Boden.
Wir waren fix und fertig und die nächsten Tage hatte ich fast nichts außer K9 im Kopf.

11. Psychiater

In meiner Anfangszeit als Hundetrainer arbeitete ich mit einem befreundeten Psychologen zusammen und wir boten gemeinsam ein Angst-Training an. Speziell für Menschen, die aufgrund schlechter Erfahrungen, wie zum Beispiel Beißvorfälle, nun Angst vor Hunden hatten.

Dies klappte auch sehr gut. Klaus, mein Psychologe, machte mit den Menschen die Theorie und ich die Praxis. Wir konnten einigen Menschen dabei helfen, ihre Angst zu verlieren. Kara nahm ich immer dazu, da sie wirklich super hörte und ich sie bei Bedarf auch auf Entfernung und ohne Worte „steuern" konnte. Das half ungemein.

Einmal hatten wir einen sehr schweren Fall. Eine Kundin, die in ihrer Kindheit von einem Hund ins Gesicht gebissen wurde und seitdem kaum mehr aus dem Haus ging. Klaus hatte über Monate mit ihr gearbeitet, bis es endlich darum ging, einem Hund zu begegnen.

Von einer Kundin „borgte" ich einen kleinen Malteser, der auch schon älter und sehr ruhig war. Als Claudia (die Angst-Kundin) den Hund sah, war alles vorbei, sie schrie und wir mussten komplett abrechen.

Hoppla, so war das nicht geplant. Klaus arbeitete weiter mit ihr und ich machte mir Gedanken, wie die nächsten Schritte aussehen konnten.

Ich dachte an Hypnose, aber Klaus meinte, das wäre zu gefährlich. Also versuchten wir es mit Desensibilisierung. Ich brachte Kara auf meinen Hundeplatz, Claudia stand mit Klaus in einiger Entfernung vor dem Zaun damit nichts passieren konnte, denn ich musste zu Kara rein. Ich hatte mit Kara ein Programm einstudiert, bei dem ich ein paar Tricks zeigte. Kara musste

durch meine Beine gehen, um mich herum gehen, in vollem Lauf ins Platz fallen, ...
Je mehr ich mit Kara spielte, desto mehr machte sich bei Claudia ein kleines Lächeln breit. Dann brach ich ab. Beim nächsten Mal das gleiche. Nie mehr als das. Nach und nach merkte ich bei Claudia, dass es sie interessierte, wie es weiterginge, aber immer, wenn es spannend wurde, brach ich ab. Nach einigen Wochen stand Claudia direkt am Zaun, um besser zu sehen, was wir machten. Freiwillig. Ich übte mit Kara wie selten zuvor, nur um Claudia zu helfen.
Es war sehr zäh, aber der Weg ist das Ziel.
Nach sehr langer Zeit vertraute Claudia mir so sehr, dass sie einverstanden war, für 5 Minuten eine Augenbinde zu tragen und sich mitten auf den Trainingsplatz zu setzen. Ich versprach, dass ihr nichts passieren würde und dass kein Hund an sie dran käme. Sie willigte ein. Claudia setzte sich und ich verband ihre Augen, Klaus war auch dabei. Mit Kara lief ich über den Platz und bis auf wenige Zentimeter um Claudia herum. Das Ganze filmten wir, um es im Nachgang mit Claudia zu besprechen. Als wir fertig waren, gingen Claudia und Klaus wieder, um das Video zu besprechen. Zwei Wochen schaute sich Claudia täglich diesen Film an. Dann kam sie wieder, um weiterzuarbeiten. Für Claudia waren es sehr große Schritte, für mich war es genauso schwer die Geduld aufzubringen, um das durchzuziehen. Kara und ich machten Stück für Stück weiter, wie mit Klaus abgesprochen. Ich trainierte mit Kara und Claudia schaute zu, mal außerhalb vom Zaun und dann auch auf dem Platz, aber noch mit Abstand. So wie es auch für Claudia ging. Irgendwann fragte sie mich über Kara aus, wo sie herkam und was mit ihr passiert sei.
Boa, darauf war ich in diesem Moment nicht vorbereitet. Durfte ich ihr das erzählen?

Ich war richtig durcheinander, als Claudia plötzlich meine Hand nahm und sagte:
„Kara hatte es nicht sehr schön im Leben, oder?"
Ich fragte sie, wie darauf käme.
„Ich sehe ihr das an."
Das beeindruckte mich sehr und ich fing an zu weinen. Ich konnte mich nicht mehr bremsen und saß da wie ein Häufchen Elend. In diesem Moment konnte ich nicht anders.
Diese Frau, die nur in Angst vor Hunden lebte, sah plötzlich in Kara die Vergangenheit.
Ich sagte ihr, dass ich es ihr eigentlich nicht erzählen wollte, ohne dass Klaus dabei war. Sie willigte ein und wir machten einen gemeinsamen Termin.
Ich erzählte Claudia alles. Alles von Anfang an. Sehr oft musste ich weinen und Pause machen, weil es mich sehr mitnahm, alles so intensiv zu erzählen.
Plötzlich kam ich mir vor, als ob ich beim Psychologen wäre und nicht Claudia.
Sie ertrug Karas Geschichte sehr tapfer und stellte sehr viele Fragen über sie.
Nach dieser Sitzung brauchte ich selbst zwei Wochen Abstand, bevor wir weiterarbeiteten. Die ganze Geschichte, die ich mit Kara bis zu diesem Zeitpunkt erlebt hatte, nahm mich sehr mit.
Da merkte ich wieder, dass mich Karas Leben sehr vereinnahmte.
Nach der kurzen Auszeit machten wir wieder gemeinsam weiter.
Aber es hatte sich etwas verändert.
Claudia wurde offener und mutiger. Wir mussten keine Minischritte mehr machen, sondern schon kleine Schritte. Bis der Tag kam, als Claudia fragte, ob sie Kara streicheln konnte. Ich war kurz erschrocken, holte aber Kara dennoch zu uns.

Claudia saß auf dem Stuhl und Kara kam sehr langsam näher. Stück für Stück. Als sie da war, schaute Claudia in den Himmel und streichelte doch tatsächlich Kara.
Für uns nichts Besonderes, für Claudia eine ganze Welt.
Dies wiederholten wir immer mal wieder und dann gingen wir sogar gemeinsam über den Platz.
Kara machte genau das, was ich von ihr verlangte, sie ging sehr langsam im Abstand von ca. 50 cm neben Claudia her.
Beim nächsten Treffen gingen wir sogar nach draußen auf die Straße. Claudia hatte die Leine von Kara in der Hand. Sie schaute nicht nach unten, daher musste ich sie führen. Aber es war der helle Wahnsinn.
Bei jedem Treffen gingen wir länger spazieren und Claudia schaute immer öfter nach Kara. Ich redete mit Claudia und gab Kara Zeichen, dass sie näher herankommen sollte.
Ich bemerkte, dass Claudia unruhig wurde und Kara ging selbstständig etwas weiter auf Abstand.
Dann kam der Tag der Tage. Nach unendlich vielen Terminen und sehr kleinschrittigem Arbeiten war es soweit.
Claudia und Klaus kamen zu einem Treffpunkt im Feld. Wir redeten und in 50 Metern Entfernung lag Kara und wartete. Ich gab Claudia eine Leine und zeigte Kara, dass sie kommen konnte. Die ersten Meter rannte sie und wurde dann langsamer, weil sie spürte, dass es für Claudia zu schnell war. Kara kam zu ihr, Claudia streichelte sie und legte ihr die Leine an. Dann ging sie mit Kara alleine ca. 200 Meter den Weg rauf und wieder runter. Als sie auf uns zukam, strahlte sie und zitterte gleichzeitig.
Es war geschafft.
Claudia bekam nach über zwei Jahren Training ihr Leben zurück.
Klaus und ich wurden von ihr zum Essen eingeladen, aber nur, wenn auch Kara dabei war, darauf bestand sie.

Der Abend war sehr schön, doch irgendwann war auch dieser vorbei. Wir trafen uns noch in immer größeren Abständen zu gemeinsamen Spaziergängen, bei denen immer mehr Hunde von mir dabei waren.
So lange, bis Claudia wegziehen musste, weil sie einen neuen Job bekam.
Diese Erfahrung war sehr schön und intensiv. Ohne Kara hätten wir das nicht geschafft.

12. Vergiftung

Bevor Kara zu uns kam, wurden unser Arny und auch Cash vergiftet.
Arny nahm außerhalb unseres Grundstücks nie etwas auf, das machte mich sehr stutzig und ich ließ beim Arzt eine klinisch-toxikologische Untersuchungen machen. Dabei kam heraus, dass er 3 verschiedene Pflanzengifte zu sich genommen hatte. Das bestätigte meinen Verdacht.
Es wurde Arny mit voller Absicht verabreicht.
Nur wie?
Arny bekam Infusionen und mit Hilfe der Gift-Zentrale das geeignete Gegengift verabreicht. Nach und nach kam er wieder auf die Beine, aber seit dieser Zeit war er nicht mehr derselbe. Sein Verhalten änderte sich und wir mussten uns anpassen, dass er ohne Probleme weiterleben konnte.
Ich lief in den folgenden Tagen immer das Grundstück ab, bevor unsere Hunde raus durften, aber die Angst machte mich krank. Ich schlief kaum noch und überall sah ich eine Gefahr für meine Hunde. Es war so schlimm, dass ich zusammenbrach und ins Krankenhaus musste.
Aber nach 2 Tagen hatte ich mich selbst entlassen, da ich es nicht verantworten konnte, meine Hunde im Stich zu lassen.
Ja genau, so denke ich.
6 Wochen später wurde auch Cash vergiftet. In der Klinik ließ ich wieder eine klinisch-toxikologische Untersuchung machen, mit dem gleichen Ergebnis wie bei Arny. Diese Mischung an Gift gab es so nicht. Also wieder die Gift-Zentrale angerufen und wieder das geeignete Gegengift verabreicht.
Auch Cash konnte geholfen werden. Anders als bei Arny trug er nach der Genesung keine Schäden davon.

Es wurde uns also mit Absicht geschadet. Eine Anzeige bei der Polizei brachte natürlich auch nichts ein.
Wir installierten Kameras am ganzen Haus, um das Grundstück komplett im Blick zu haben. Es gab keine Schwachstellen mehr, jeder Winkel konnte eingesehen und aufgezeichnet werden. Einige 1000 € hatten wir in diese Anlage investiert. Nur weil ein A......loch so eine Scheiße machte.
Aber wenigsten war danach Ruhe mit Vergiftungen.
Auch in unserem jetzigen Anwesen ist alles mit einem Überwachungssystem abgesichert.

Als dann Kara so ungefähr 4 Jahre bei uns war, gab es einen Tag, der mir heute noch im Magen liegt.
Ich hatte einen längeren Termin außer Haus, daher mussten unsere Hunde für ca. 6 Stunden alleine bleiben.
So richtig alleine sind unsere Kleinen ja nie, meine Mutter wohnt ja auch noch im Haus über uns. So etwas kommt nur einmal im Monat vor und mehr würde ich auch nicht wollen. Das ist nicht mein Anspruch. Aber mit freiem Zugang zum Haus und Garten ist das auch mal ok. Jedes Mal, wenn so etwas sein muss, habe ich auch richtig Bauchweh.
So, nun genug der Rechtfertigung.
Ich fuhr also morgens weg zu besagtem Termin. Zuhause waren also Tina, Baba, Eyko, Elsa, Rick und Kara.
Beim Termin ging es wieder einmal um einen Hund außer Rand und Band. Bissig gegenüber jedem, der nicht bei 3 auf dem Baum war. Somit war ich gefordert und meine Gedanken an Zuhause waren erst mal wie weggeblasen.
Ich musste mich in den nächsten Stunden auf meinen Job konzentrieren.

Nach getaner Arbeit machte ich mich wieder auf den Heimweg und die Gedanken an meine Hunde übernahmen so langsam wieder meinen Kopf.
Als ich zuhause ankam, konnte ich schon die Hunde am Tor sehen, nur Kara nicht. Das war etwas seltsam, aber noch nicht so dramatisch. Ich parkte meinen Bus und ging zu den Hunden. Spätestens jetzt wurde ich etwas unruhig.
Kara war nicht da. Ich rannte in die Wohnung und suchte sie, doch ich konnte sie nicht finden. Ich rief nach oben zu meiner Mutter, aber auch sie wusste nichts. Ich ging in jedes Zimmer und plötzlich rief meine Mutter von oben, dass Kara im Garten läge. Ich rannte raus und Kara lag völlig apathisch da.
Sofort hatte ich die Vergiftungen von Arny und Cash im Kopf, so als ob es gestern gewesen wäre. Ich hatte Herzklopfen und wusste nicht, was passiert war. Ich hob sie hoch und legte sie in meinen Bus, um sofort zur Klinik zu fahren.
Meine Mutter kam um die Ecke und erzählte, dass der komplette Käsekuchen weg sei. Den hatte sie zum Abkühlen nach draußen auf die Terrasse gestellt. Eine neue Mischung mit sehr viel Schokolade hatte sie ausprobiert.
Ich dachte jetzt nur, schnell zur Klinik. Wieder musste ich die Hunde alleine lassen und raste schnell zum Tierarzt.
Kara ging es sehr schlecht. Sie lag da und rührte sich kaum. Ihre Zunge hing raus und war fast weiß. Während der Fahrt rief ich meine Frau an, damit sie wusste, was los war und danach telefonierte ich mit der Klinik, damit sie schon wussten, dass ich mit einem Notfall käme.
Vor Ort kam auch sofort eine Arzthelferin mit einer Bare heraus und half mir, Kara nach drinnen zur Behandlung zu bringen. Der Arzt war auch schon da und sofort wurde eine Infusion gelegt und ihr ein Mittel zum Erbrechen gegeben.

Was da rauskam, war eine ganze Menge. Nicht nur ein ganzer Kuchen, der für 10 Menschen gereicht hätte, sondern auch eine Riesenmenge an Gras. Das musste sie gefressen haben, als es ihr schlecht wurde.
Nun hieß es warten. Warten, dass sie es schafft, denn es stand nicht gut um meine Prinzessin.
Die Ärzte gaben wirklich ihr Bestes, aber der Kakao hatte schon gewirkt.

Schon in geringen Mengen kann Schokolade toxisch für Hunde sein. Der Grund ist der im Kakao enthaltene Stoff Theobromin. Die größte Menge Theobromin ist in Kakaopulver zum Backen enthalten. Und natürlich hatte meine Mutter einiges davon in dem Kuchen verarbeitet. Theobromin ist ein koffeinähnlicher Stoff, den Menschen aufgrund eines in ihrem Organismus enthaltenen Enzyms schnell abbauen und ausscheiden können, Hunden jedoch fehlt dieses Enzym.

Nun hieß es warten. Kara wurde warm eingepackt und ich legte mich zu ihr.
Die Ärzte kamen immer wieder zu uns herein, um nach Kara zu sehen. Irgendwann war ich vor Erschöpfung, Sorgen und Verzweiflung eingeschlafen. Eine Arzthelferin hatte mich zugedeckt, damit ich nicht fror. Jeder kümmerte sich hier rührend um uns.
Plötzlich zuckte Kara sehr unkontrolliert und ich wachte auf, schrie sofort nach Hilfe und ein Arzt kam und spritzte Kara etwas, um den Kreislauf zu stabilisieren.
Ich blieb die ganze Nacht in der Klinik, die Ärzte wollte mich heimschicken, aber das war nie eine Option.
Am Morgen ging es Kara besser. Sie war eine sehr große Kämpferin und selten konnte sie etwas von den Beinen holen. Sie war über den Berg.

Ich brach in Tränen aus, denn Kara durfte ich nie verlieren. Sie bekam 7 Flaschen der Infusion und diese Menge zeigte Wirkung. Wir blieben noch bis abends, dann durften wir heimfahren und die Betreuung zuhause weiterführen.

Dass in Zukunft Kuchen nicht mehr auf der Terrasse abkühlen durfte, war selbstredend.
Ich merkte erst jetzt, dass ich noch gar nichts gegessen hatte, also noch eine Scheibe Brot und dann legte ich mich zu Kara, um zu schlafen.
Am nächsten Morgen fuhren wir wieder in die Klinik, um Kara nochmals durchchecken zu lassen. Dann wieder nach Hause zum Schonen und langsam aufpäppeln.
Solche Schreckmomente brauche ich nicht mehr.

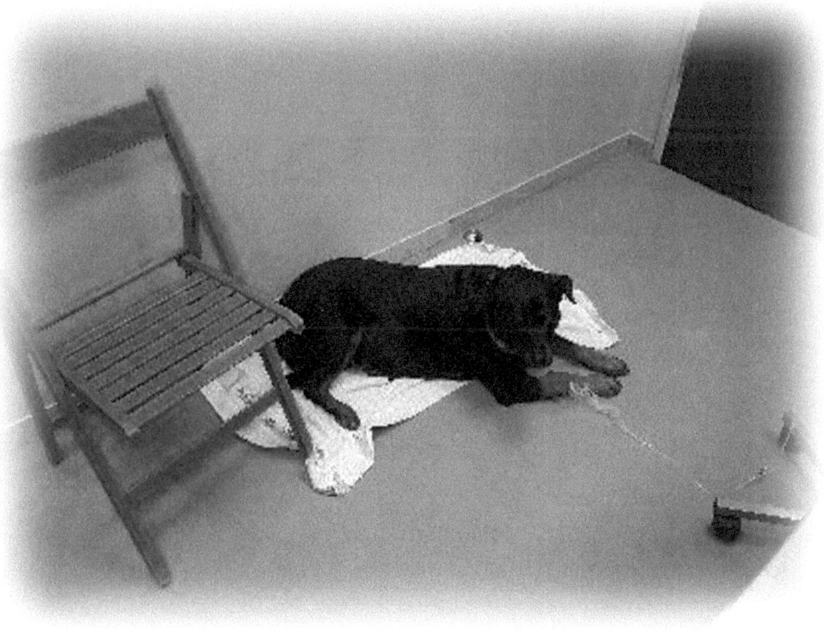

13. Anti-Jagd-Seminar

In meinem Beruf als Hundetrainer ist es sehr wichtig, sich weiterzuentwickeln und nicht immer alles nur so zu machen, wie man es eben früher gemacht hat.
Natürlich besuche ich daher auch jedes Jahr verschiedene Seminare, um mich beruflich weiterzubilden und auf dem Laufenden zu bleiben.
Manchmal nehme ich mit meinen Hunden und manchmal ohne daran teil. Da es in diesem Buch um Kara geht, erzähle ich von einem Seminar, in dem ich sie dabeihatte.

In diesem besagten Seminar ging es um Anti-Jagd-Training.
Ich bin ja der Meinung, dass es unmöglich ist, bei einem Jagdhund (das ist ein Hund, der jagt, unabhängig von der Rasse) das Jagen abzutrainieren, aber dazu wollte ich mir das Seminar zu diesem Thema ansehen.
Der zuständige Trainer vor Ort fing direkt nach der Ankunft und einer kurzen Vorstellung an, eine Maschine aufzubauen, die ein Hasenfell an einem Seil zieht, um zu sehen, welcher Hund in welcher Sequenz jagt.
Es war ein großer Koffer mit allerlei Klimbim und einem langen Seil. Dieses zog der Trainer gut und gerne 100 Meter aus und führte es durch eine Rolle wieder zurück. Sowas hatte ich in Natura noch nie gesehen, daher fand ich das schon sehr interessant.
Doch mein Interesse ließ sehr schnell nach, als ich sah, wie der Ablauf auf diesem Seminar war.
Dieser besagte Ablauf gefiel mir so nicht wirklich.
Wir Teilnehmer mussten alle im Blickfeld des Geschehens stehen und warten, bis einer nach dem anderen dran war.

Unsere Hunde waren alle hoch erregt, wenn einer der an der Reihe war, dem Hasen nachjagte.
Wie sollte da ein vernünftiges und professionelles Seminar stattfinden?
Ich hätte es besser gefunden, wenn unsere Hunde den jeweils anderen nicht gesehen hätten und immer nur einer aufs Feld sollte. Aber ich merkte schon in kurzer Zeit, dass hier versucht wurde, mit Halbwissen so viele wie möglich dranzunehmen, um genug Geld zu verdienen.
Wie heißt es so schön: Masse statt Klasse.
Die wartenden Hunde waren schon komplett außer Rand und Band, bevor sie überhaupt an der Reihe waren. Hoch erregt stand jeder Hund unter Strom, was nachvollzierbar war, denn unsere Hunde waren ja nicht darauf trainiert. Der Sinn dieses Seminars sollte eigentlich sein, jedem zu helfen und nicht jeden verzweifelter zu machen.
Einige Halter bekamen ihre Hunde überhaupt nicht mehr in den Griff und es herrschte nach meinem Verständnis mehr Chaos als Ordnung. Einige Hunde wollten sogar aufeinander losgehen, weil sie sich nicht mehr unter Kontrolle hatten und nur noch unter Stress standen.
Ich sprach den Trainer darauf an, wurde jedoch mit der Aussage zurückgeschickt, dass ich doch besser ihm als Profi diese Entscheidung überlassen sollte.
Er wisse schließlich, was es tut.
In meinen Augen wusste er das nicht.
Ich ging mit Kara weit nach hinten, um sie etwas aus dem Stress herauszunehmen. Als wir dann an der Reihe waren, wollte uns der Trainer zurechtweisen, dass wir bei allen warten sollten, weil dann jeder schneller drankäme.

Nun sagte ich ihm erst mal meine Meinung, dass er überhaupt kein Verständnis für die Tiere habe und nur Geld verdienen wolle. Wenn er meinte, ich gäbe die Verantwortung meiner Kara in seine Hände, hätte er sich getäuscht. Ich würde entscheiden, was gut für sie sei, und nicht er. Wenn er sich nicht zusammenreißen würde, gäbe es in der Nähe bestimmt ein Ordnungsamt oder Veterinäramt, das man mal anrufen könnte.
Das saß. Er band sein Hasenfell an und ließ die Maschine laufen. Kara flitzte hinterher.
Mann war die schnell, das erstaunte mich. Wann kann man das schon mal beobachten?
Für mich hatte es sich schon gelohnt, das alleine zu sehen. Als Kara wieder herkommen sollte, hatte ich echt Mühe, sie zu bekommen. Der Hase war zu reizvoll. Aber ich war wenigstens nicht der Einzige, der dabei seine Mühe hatte.
Der Hund, der nach uns dran war, stand schon komplett unter Strom und war noch nicht mal an der Startlinie. Es war ein Podenco und das konnte schon gar nicht gut gehen. Doch der Trainer fand es super, denn der Hund war bereit.
Ok, bereit für was?
Zum Eskalieren?
Er war noch schneller als alle anderen und erwischte das Fell. Er riss es von der Vorrichtung ab und rannte mit seiner Beute davon. Seine Besitzerin schrie nach dem Hund und der Trainer schrie sie an, dass sie gefälligst ihren Hund holen sollte.
Absolutes Chaos hier.
Drei Menschen rannten dem Hund hinterher: die Halterin, der Trainer und die Veranstalterin. Es dauerte ca. 30 Minuten, bis alle mit dem Hund wieder zurück waren.

In dieser Zeit wurden wir vom Veranstalter komplett alleine gelassen und setzten uns einfach an den Rand, um uns zu unterhalten. Jeder hatte den gleichen Eindruck von diesem Seminar.
Es war kompletter Mist. Anders konnte man es nicht ausdrücken.
Danach ging es in die Analyse. Die war mehr als schwach, da zeigte sich wieder das Wissen des Trainers. Zusammengefasst erzählte er sehr viel, aber seine inhaltlichen Aussagen beschränkten sich mehr auf:
Eure Hunde jagen.

Toll, das machen ja fast alle, wenn man so ein Fell vor ihnen flitzen lässt.
Ich hörte mir den ganzen Mist an und entschied, dass es nichts für uns sei.

Was solls, dieses Anti – Jagd - Seminar ging eigentlich über zwei Tage, doch als der erste Tag zu Ende ging, meldete ich mich ab und machte mich mit Kara auf den Heimweg.
So einen unqualifizierten Mist musste ich Kara und mir nicht antun.

14. Hochzeit

Eine gute Kundin und Freundin, sprach mich eines Tages auf eine Hochzeit an. Sie fragte, ob ich nicht Lust hätte, mit meinen Hunden bei der Hochzeit ihres Bruders dazuzukommen und meine Hunde sollten die Ringe überreichen.
Ihr Bruder war ein sehr großer Fan von Rottweilern. Da er sich aus Zeitgründen keinen Hund holen konnte, dachte sie sich, dass ich und meine Hunde vielleicht die Ringe bei der Hochzeit überbringen könnten. Dies sollte für ihren Bruder eine Überraschung und große Freude sein.
So war der Plan.

Also überlegte ich nicht lange und sagte zu. Meine Wahl fiel auf meinen Arny. Er war auch derjenige, den meine Kundin bevorzugte. Sie kannte ihn schon lange aus unserem Futtershop und er war ihr „Liebling". Jedes Mal, wenn sie kam, ging Arny zu ihr und wollte gestreichelt werden. Er ließ sie auch erst wieder in Ruhe, wenn er es für gut und genug empfand.

Ich fing dann mal an zu üben.
Arny sollte ein kleines Körbchen im Maul tragen, in dem sich die Ringe befanden. Mit diesen sollte er dann bei der Zeremonie zum Brautpaar laufen und die Ringe überbringen.
Doch wie sollte ich ihm das beibringen?
Arny war ein toller Junge, allerdings auch etwas grobmotorisch veranlagt.

Kleines Beispiel gefällig?
Ich stellte manchmal Tontöpfe auf und unter einem war ein Leckerli versteckt. Der Plan war, dass Arny mit seinem Geruchssinn den einen Topf herausfand und umwarf. Dann konnte er diese Belohnung haben. Wie gesagt, das war der Plan.

Arny hatte jedoch einen anderen: Er warf mit seinem Dickschädel alle Tontöpfe um und irgendwo lag dann das Leckerli, das er zu sich nahm.
Das war Arny.

Ich machte mich sofort ans Training und übte jeden Tag, aber leider nur mit mäßigem Erfolg. Arny warf den Korb überall hin und hatte sichtlich Freude daran.
Also überlegte ich und kam auf eine Idee: Ich nahm eine Scheibe rohen Schinken und brachte den Geruch des Schinkens an den Griff des Körbchens. Diesen hatte Arny dann in sein Maul genommen.
Ok, nun hatten wir eine Basis.
Also wurde geübt und geübt, und siehe da, es wurde von Mal zu Mal besser.
Wie schon erwähnt, Arny war ein guter Junge, 53 Kilo leicht und sehr sensibel. Ich brachte ihm sogar bei, den Korb zu holen und bis zu 50 Meter weit zu tragen.
Wir übten auch mit immer größerer Ablenkung, da ich ja nicht die Möglichkeit hatte, in der Kirche zu trainieren. Und bei der Zeremonie wären schließlich sehr viele Menschen anwesend. Kinder die unruhig hin und her laufen, die Klänge der Orgel und bestimmt würden auch viele Gäste erstaunt Geräusche von sich geben und Bilder machen.

Leider kam dann alles anders als geplant.
Zwei Wochen vor der Hochzeit ging es Arny plötzlich sehr schlecht.
Von jetzt auf gleich konnte er kaum noch aufstehen.
Schnell fuhren wir in die Klinik.
Was bei der Untersuchung herauskam, riss mir den Boden unter den Füßen weg. Seine Milz war geplatzt und sein ganzer Bauch war schon voller Blut.

Die Ärzte konnten leider nichts mehr für Arny tun, außer ihn von seinem Leiden zu erlösen.
Uns wurde die Diagnose mitgeteilt und auch, dass eine Operation nicht mehr in Frage käme. Wir mussten innerhalb weniger Sekunden eine Entscheidung treffen, auf die ich nicht gefasst war.

Aber ich habe jedem meiner Schützlinge ein Versprechen gegeben.

1. Ich werde jeden beschützen, wo es nur geht.
2. Keiner muss unnötig leiden.
3. Ich werde immer alles versuchen und mein letztes Hemd für sie geben, dass es ihnen gut geht.

Als die Ärztin dann die Spritze ansetzte, schaute mich Arny noch ein letztes Mal an, dann schlief er friedlich in meinen Armen ein.
Ich war so geschockt, dass ich keinen klaren Gedanken mehr fassen konnte. Es überkam mich so sehr, dass mir schlecht wurde. Ich heulte Rotz und Wasser.
Ein Leben von jetzt auf gleich vorbei.
Arny wurde 9 Jahre alt.

Ich hatte versprochen, mit Arny die Ringe zu übergeben und nun war ich mit meiner Trauer beschäftigt.
3 Tage später war auch noch „Gino", ein weiterer Hund von mir, plötzlich verstorben.
Gino war erst wenige Monate bei uns und war an besagtem Tag einfach tot umgefallen.
Gino wurde nur 1,5 Jahre alt.

Zwei Hunde in einer Woche zu verlieren ist sehr hart.
Tagelang konnte ich nichts machen, ich war wie gelähmt.
Einen Tag vor der Hochzeit rief ich bei meiner Kundin an und sagte, dass wir kommen würden. Ich wollte das auch für meinen kleinen Arny machen.

Ich nahm Kara und Baba und hoffte, dass die Umstände es zuließen, dass alles reibungslos über die Bühne ginge. Da ich mit den beiden nicht geübt hatte, bekamen sie ein Geschirr an und darauf befestigten wir die Ringe mit einer weißen Schleife.
Kara für die Braut und Baba für den Bräutigam.
Wir fuhren zur Kirche und versteckten uns, bis das Brautpaar drinnen war.
Ich kämpfte mit meinen Emotionen und als es soweit war, gab eine Sängerin das Lied „Halleluja" zum Besten.
Dieses Lied war so schön gesungen, dass ich meine Tränen nicht mehr halten konnte. Wir sollten nun in den Flur der Kirche einlaufen und ich konnte nicht.
Ich versuchte wirklich, mich zusammenzureißen. Aber es dauerte. Die Leute warteten alle gespannt, weil keiner wusste, was nun käme. Nach nicht enden wollenden Sekunden und unzähligen Taschentüchern schaffte ich es, mich zu konzentrieren. Keiner war eingeweiht.

Und dann lief ich mit Kara und Baba den Flur der Kirchen entlang. Ich hatte mir extra ein weißes Hemd und schwarze Hosen geliehen.
Ein Raunen ging durch die Kirche. Die Leute staunten und alle bekamen große Augen.
Dies alles sollte Arnys Moment sein. All die Wochen, die wir zusammen trainiert hatten, liefen jetzt vor meinem geistigen Auge ab.
Ich weinte, und die Leute dachten, dass ich wegen der Hochzeit weinte und dass mich dieses Ereignis zu sehr mitnehmen würde, aber keiner wusste von meinem Schmerz und meiner Trauer.
Ich versuchte, mich so gut es ging zusammenzureißen und mich auf meine Hunde zu konzentrieren, um dem Hochzeitspaar eine Freude zu machen.
Baba setzte ich hinter den Bräutigam und Kara hinter die Braut.
Beide waren wirklich überrascht und fingen auch an zu weinen.
Aber im Gegensatz zu meinen waren es Freudentränen.
Sie streichelten die Hunde und vergaßen für einen kurzen Moment, dass die Zeremonie noch gar nicht zu Ende war. Der Pfarrer musste kurz daran erinnern, dass hier eine Hochzeit stattfand. Sie lösten dann die Knoten an den Geschirren und nahmen die Ringe ab.
Die Zeremonie wurde weitergeführt und wir warteten im Hintergrund.
Baba und Kara machten ihre Sache mehr als gut und waren auch sehr ruhig. Als die Trauung soweit fertig war und nun alle nach draußen gingen, wurde das von der Orgel begleitet. Nun fing Kara an, wie ein Wolf zu heulen.
In der Kirche kam das auch sehr gut rüber.
Zum Glück wurde es als lustig empfunden und keiner störte sich daran.

Anschließend wurden noch Bilder vom Brautpaar mit den Hunden gemacht.
Danach verabschiedeten wir uns und fuhren nach Hause. Ich wollte nun alleine sein und mir Zeit geben, das Ganze zu verarbeiten und endlich meiner Trauer Zeit einzuräumen.

15. Karas Kurzgeschichten

Über die Jahre, in denen ich mit meiner Kara zusammenlebte, gibt es so viel zu erzählen. Aber ich weiß gar nicht, ob das alles lesenswert ist und ob es jemanden gibt, den es so sehr interessiert wie mich. Aber schauen wir mal.
Die ganzen kleinen Geschichten und Ereignisse habe ich auch nicht in chronologischer Reihenfolge aufgeschrieben. Es sind Geschichten, die mich und Kara aus ihrem Leben bei mir betreffen. Kurze, kleine Anekdoten und Erlebnisse, die das Leben mit dieser besonderen und einzigartigen Hündin ausmachten.

Kara hatte in der ganzen Zeit bei uns sehr viele Hunde kennengelernt, die zu uns kamen und bei uns lebten, leider auch viele, die gehen mussten.

Arny und Cash waren ja bereits hier als Kara kam. Und nach den mehr als schwierigen Anfängen verstand sie sich sehr gut mit den beiden.

Nach der Trennung von meiner Frau und dem Umzug lernte sie Jessy kennen. Eine Deutsche Schäferhündin, die sich freute, dass endlich Hunde in ihr Leben kamen. Jessy lebte bis dahin relativ isoliert von allem bei einer Frau. Mit Kara und ihr gab es nie Probleme.

Dann lernte ich meine jetzige Frau kennen und sie brachte einen Dalmatiner namens Timmi mit. Da gab es hauptsächlich zwischen Arny und ihm Spannungen, die einmal auch zu einer Beißerei ausarteten. Timmi ging Arny den ganzen Tag auf die Nerven und abends war dann seine Zündschnur zu Ende. Als es zwischen den beiden knallte, kam auch Kara dazwischen, um Arny zu helfen. Timmi musste dann zum Tierarzt und an 7 Stellen genäht werden. Das war ihm eine Lehre. Aber danach war alles wieder gut.

Lemmy war der nächste, da gab es überhaupt nichts, was auch nur annähernd zu erwähnen wäre. Ein ruhiger Zeitgenosse. Leider war er nur ein Jahr hier und starb dann an Krebs.

Tina war die nächste die einzog. Da gab es immer Spannungen, da Tina gerne die Chefin spielen wollte. Doch das war nichts Dramatisches und Kara ignorierte dieses Verhalten. Sie wusste, dass sie Tina überlegen war und musste ihr das nicht beweisen. Das war auch gut für Tina.

In jenem Jahr als wir erst Cash und dann Lemmy gehen lassen mussten, merkte man Kara den Verlust an. Sie suchte immer wieder den Schlafplatz von ihnen auf. Ich bin überzeugt davon, dass es ihr half, wie auch den anderen Hunden hier, dass immer mehrere Hunde da waren und dies für Ablenkung sorgte, um mit einem Verlust besser klarzukommen.

Dann kam Baba.
Kara verstand sich sofort mit diesem Brocken. Eigentlich wie mit jedem Hund, der hier eingezogen war. Aber Baba war schon speziell, er hörte von Anfang an auf mich, und zwar nur auf mich. Einmal bekamen wir ein neues Bett angeliefert, 3 Stunden früher als ausgemacht. Ich war noch nicht zuhause und Baba stand am Tor. Meine Frau konnte ihn nicht überzeugen, wegzugehen. Da mussten sie eben wieder wegfahren und zur ausgemachten Zeit wieder kommen. Da war ich dann zuhause und Baba war keine Gefahr mehr. Aber die Lieferanten vertrauten mir nicht wirklich und ich nahm Baba in den Garten, damit diese Herren ihre Arbeit verrichten konnten.

Gino war der nächste der kam. Ihn holte ich aus einer Familie heraus und auch hier, völlig problemlos mit Kara. In seiner Familie musste er Wachhund, Spielpartner für die Kinder, Teddybär und noch vieles mehr sein. Was da von ihm abverlangt wurde, konnte er nicht stemmen und es gab mehrere Beißereien. Es war nicht leicht mit ihm, weil er immer mal austickte. Leider starb er nach nur 3 Monaten und wir wussten dann, warum er so war. Hirntumor.

3 Tage später war auch Arny von uns gegangen. Zwei Hunde in einer Woche zu verlieren ist hart. Meine Trauer und meinen Schmerz hatte auch Kara gemerkt und sie wich in dieser Zeit nicht von meiner Seite. Aber mit so vielen Hunden ist für Trauer leider zu wenig Zeit.

Nun kam Raul. Ihn holten wir aus einem Tierheim in der Nähe von Magdeburg zu uns. Wir fuhren zusammen mit unseren Hunden dorthin, um Raul abzuholen und vor Ort gleich zu schauen, wie die Kommunikation unter ihnen war. Raul war blind, aber man merkte es ihm überhaupt nicht an. Er ging sehr langsam, um sich selbst an allem zu orientieren. Auch an Kara. Nach kurzer Eingewöhnung sah man kaum einen Unterschied zwischen einem sehenden und einem blinden Hund.

Eyko kam als nächstes aus Frankreich zu uns. Ein echtes Musketier. Das war sein Name von der Zuchtstätte, aus der er einmal stammte. Mit ihm gab es nur Machtgehabe mit Baba, aber nichts, was nicht in den Griff zu bekommen war. Er ging am liebsten schwimmen, das war sein Element.

Rick war der nächste Dalmatiner. Er kam aus der Ukraine und hatte nur gesundheitliche Probleme. Er lebte dort auf einer Müllkippe und das beeinträchtigte ihn sein ganzes Leben. Kara ließ ihn immer in Ruhe, damit er nicht zu viel Stress hatte, denn das tat ihm nicht gut. Er brauchte nur Ruhe und sein Frauchen.

Mit Osga kam ein weiterer Koffer zu uns. Im Tierheim ließ er niemanden an sich ran. Man wollte ihn uns erst nicht geben, weil der Verein es zu gefährlich fand. Schließlich aber knickten sie ein. Mit Kara verstand er sich jedoch sofort. Die beiden waren immer sehr lieb im Umgang miteinander. Das war immer schön zu beobachten.

Elsa holte ich in Stuttgart ab. Sie hatte große Gelenkprobleme und konnte nicht mehr richtig laufen. Doch sie hatte eine Lebensfreude, die jeden ansteckte, auch mit ihr hatte Kara immer viel Spaß.

Eine Tierschützerin erzählte uns kurz vor Weihnachten eine Geschichte über Rudi. Er war alt und saß 5 Jahre lang im Tierheim in Polen und würde den Winter nicht mehr überleben. Es waren keine weiteren Worte von Nöten. Rudi kam einen Tag vor Heiligabend hier an und sofort legte sich Kara neben ihn.

Lisa war der letzte Neuankömmling, den Kara kennenlernte. Mit ihr war es am Anfang nicht gut. Gleich am zweiten Tag ging sie auf Kara los. Ich konnte die beiden aber ohne Probleme auseinanderbringen. In den nächsten Wochen war die Sache zwischen den beiden geklärt. Zu mehr sollte es nicht mehr kommen, denn nur wenige Monate später starb meine geliebte Kara.

Ich hatte immer versucht, Kara überall mit hinzunehmen. Einmal gingen wir in den Baumarkt, ich brauchte ein paar Teile zum Basteln für zuhause. Und immer, wenn ich im Baumarkt bin und einen Hund dabeihabe, nutze ich auch die Gelegenheit, um mit den ganzen Ablenkungen zu trainieren. So auch an diesem Tag. Da ich auch ein paar Holzplatten brauchte, war ich mit Kara in den verschiedensten Bereichen unterwegs.

Im Holzbereich legte ich sie auf den Einkaufswagen, während ich das Material zusammensuchte. Jeder der vorbeilief, wurde ignoriert, aber man sah in den Gesichtern der Menschen, dass sie eher Angst hatten. Im weiteren Verlauf gingen wir in der Tierabteilung durch die Regale, um zu schauen, was es dort gab und um Kara mit den verschiedensten Gerüchen zu konfrontieren. In einer Reihe stand eine Frau mit einem Labrador.

Als er uns sah, fing er laut zu bellen an und die Frau konnte ihn nicht mehr beruhigen. Kara und ich gingen schnell eine Reihe weiter, um der Frau das Leben leichter zu machen, doch der Labrador kriegte sich nicht mehr ein und immer mehr Mitarbeiter des Baumarktes kamen und schauten, was da los war. Plötzlich kam einer der Herrschaften auf uns zu und sagte, dass ich sofort den Markt verlassen müsste. Auf meine Frage *„Warum?“*, antwortete er nur, dass wir zu viel Unruhe stiften würden. Wohlgemerkt, von Kara kam noch nicht einmal ein Knurren, geschweige denn ein Bellen. Als ich mich weigerte, da wir ja nichts getan hatten, wurde der Marktleiter gerufen und wir bekamen Hausverbot. Und wenn wir nicht sofort gingen, holten sie die Polizei.

Übrigens: Die Frau mit dem Labrador wurde nicht rausgeworfen.

Also war dieser Baumarkt für uns gestorben.

Vor langer Zeit habe ich einmal einen Spruch gelesen, der mir immer wieder in solchen Situationen einfällt:
„Rottweiler.
Schuldig geboren.“

Es macht mich traurig, dass wir Menschen immer auf diesen Geschöpfen herumtrampeln, die nichts dafürkönnen.

Bei vielen Terminen nahm ich Kara als Ablenkung/Reiz mit. Oft brauche ich Hunde zur Ablenkung, um in meinem Beruf als Hundetrainer den Problemen der Kunden auf den Grund zu gehen und helfen zu können. Kara hatte das voll drauf. Ich konnte sie ohne Leine steuern, um jedem Kunden auch richtig helfen zu können.

Einmal war ich bei einem Kunden vor Ort. Sein Hund machte an der Leine immer auf „dicke Hose", daher war Kara wieder dabei. Ich setzte sie auf den Bürgersteig und mein Kunde lief an ihr vorbei, damit ich das Problem sehen und auch die richtigen Tipps geben konnte.
Da kam ein Radfahrer und machte um meinen Kunden einen großen Bogen, aber er hatte Kara nicht auf dem Schirm. Erst auf gleicher Höhe bemerkte er sie und erschrak so sehr, dass er die Kontrolle über sein Fahrrad verlor und in eine Hecke gegenüber stürzte.
Kara saß nur da, aber nachdem der Radfahrer wieder aus den Hecken kam, machte er einen Aufstand sondergleichen und rief die Polizei. Als diese ankam, zeigte er uns doch tatsächlich an, dass wir schuld an seinem Schrecken seien und er nun traumatisiert sei. Einige Anwaltsschreiben später wurde der Vorfall endlich zu den Akten gelegt. Die Klage wurde abgewiesen und Kara war freigesprochen worden.

So lustig diese Geschichten im Nachhinein auch sind, so traurig sind sie, während sie passieren. Warum kann man nicht miteinander reden und muss immer ein Fass aufmachen, wo doch überhaupt keine Notwendigkeit besteht?

In meinem Bus ist das hintere Abteil mit je einem Gitter an den Hecktüren und zum Fahrerraum abgetrennt, dass sich die Hunde sicher und bequem aufhalten können. Mit Türen, dass man auch die Hunde „be- und entladen“ kann. Alles wie an einer groß dimensionierten Box.

Einmal gerieten wir in eine Polizeikontrolle. Ein Sheriff kam zu mir an die Tür, um nach meinen Papieren zu fragen. Der andere machte, ohne zu fragen, die Hecktür auf, um zu schauen, was sich dahinter verbarg. Keine gute Idee. Kara sprang gegen das Gitter, um unser Fahrzeug zu verteidigen. Der Sheriff haute vor Schreck die Tür wieder zu und musste erst mal wieder das Atmen neu lernen, denn Kara hatte ihm einen gehörigen Schrecken verpasst.
Selbst schuld, hätte ja vorher fragen können.
Leider hatte er für sein Fehlverhalten kein Verständnis und wollte uns eins reinwürgen.
Unser Fahrzeug wurde nun komplett unter die Lupe genommen, um ja irgendwo etwas zu finden.
Aber auf welcher Grundlage?
Eigene Dummheit?
Egal, er konnte uns nichts tun, weil wir nichts Unrechtes getan hatten. Doch den Ärger mussten wir wieder einmal über uns ergehen lassen.
Hatten wir das verdient?
Hatte Kara das verdient?
Ich glaube nicht. Also weiter geht’s.

Ich hatte mit Kara sehr viel Freude und einen Riesenspaß, besonders und ausschließlich, wenn keine Menschen anwesend waren.

Monatelang hatten wir Ärger mit einem Jäger. Warum weiß ich nicht. Dieser Mensch war Abschaum, und das meine ich auch genauso. Bei unserer ersten Begegnung bretterte er mit seinem Geländewagen durch den Wald und direkt auf uns zu. Ich war mit drei Hunden unterwegs und konnte nur knapp zur Seite springen. Auf dem Waldboden sah man an der Spur, dass er nur 10 cm an uns vorbei raste. Ich schrie und er bremste ab. Er schrie uns an, dass wir hier nichts zu suchen hätten, das wäre sein Wald. Das war mir neu, denn ich lebe hier schon über 40 Jahre.

Er kam auf uns zu und bedrohte uns, dass er meine Hunde erschießen würde. Das war zu viel des Guten und gerade, als ich auf ihn losgehen wollte, sprang Kara mit einer Wahnsinnswut nach vorne gegen diesen Vollpfosten. Ich hielt sie zurück, denn eine Beißerei wollte ich nicht riskieren. Er schrie weiter, ging zu seinem Auto und raste davon. Etwas später bekam ich einen Anruf von einem unserer Gemeindemitarbeiter. Der Jäger hatte sich beschwert, dass mein Hund ihn grundlos angreifen wollte und er mich anzeigen werde. Sie wollten meine Stellungnahme dazu haben. Ich sagte, dass ich nun eine Gegenanzeige machen würde und einen Anwalt einschaltete. Aber die werte Jägerschaft hat anscheinend einen guten Stand bei den Behörden.

Egal was ich versuchte, bei Polizei und Anwalt, der Vorgang wurde abgewiesen. Monate später kam es wieder zu einem Zusammentreffen. Dieser Kerl fuhr mit hoher Geschwindigkeit um eine Kurve auf uns zu, ich war gerade im Wald, um mit Kara zu trainieren. So schnell konnte ich nicht auf die Seite gehen und er fuhr mir gegen das Bein. Anschließend flüchtete er. Mein

Bein schmerzte und ich rief die Polizei. Als sie kamen, gab ich alles an und da sagte der eine Beamte, dass der Jäger auch angerufen habe und erzählte, dass ich gegen sein Auto getreten hätte.
Das würde auch meine Schmerzen erklären. Ich dachte, dass ich mich verhört hätte. Wird man mittlerweile vorverurteilt?
Ich musste ins Krankenhaus, weil ich nicht richtig laufen konnte. Ärztlich wurde alles aufgenommen, Röntgenbilder gemacht, meine Blessuren am Knie dokumentiert und meine Schilderungen des Unfalls notiert.
Doch auch hier wieder: Verfahren eingestellt.
Das ist doch schön, wenn man Angst um sein Leben und das seiner Hunde haben muss und keiner hilft. Anwaltlich wurde ich auch schlecht vertreten, sodass immer alles abgeschmettert wurde. Ich ging schließlich nicht mehr in diesem Wald spazieren. Wohlgemerkt, dieser Wald liegt genau hinter unserem Haus. Manchmal, wenn wir spazieren gingen, mussten wir schon am Wald entlanglaufen.
Das Gefühl war jahrelang echt scheiße, bis der Typ endlich das Jagdgebiet abgab und nicht mehr gesehen wurde.

Kara war ein Traumhund, ich konnte sie wirklich überall hin mitnehmen. Nie mehr ging eine Gefahr von ihr aus. In unserer Wohnung liegen Matratzen für die Hunde, und auf diesen schlief ich manchmal bei Kara, nur um in ihrer Nähe zu sein. Keiner konnte uns trennen. Eine Kundin sagte mal, dass es uns nur zusammen gäbe.
Kara verstand vieles, ohne dass ich es ihr beibringen musste.
Ein Beispiel?
Bitte schön:

Meine Ex-Frau hatte mich angerufen, weil sie Besuch bekommen hatte und denen war der Hund abgehauen. Sie fragte, ob ich beim Suchen helfen könnte. Dafür waren wir wieder gut genug.
Egal, es ging um einen Hund und dieser brauchte Hilfe.
Nur das war wichtig.
Ich ging mit Kara zu ihr und wir besprachen, wann und wo der Hund ausgebüxt war. Ich wollte irgendetwas haben, wo der Geruch des Hundes dran war. Das Bett des Hundes war hierzu gut geeignet. Ich ließ Kara daran schnüffeln und wir gingen los zum Suchen. Kara war kein ausgebildeter Suchhund, aber sie wusste instinktiv, was ich von ihr wollte und was auf dem Spiel stand.
Wir suchten in dem Wald und den Wiesen, langsam wurde es auch dunkel. Nach ca. 4 Stunden wollten wir abbrechen, weil das Tageslicht nicht mehr ausreichte. Plötzlich wurde Kara unruhig und blieb stehen. Ich hörte und sah nichts.
Dann rannte sie los, und wie.
So schnell konnte ich nicht rennen. Sie sprang ins Dickicht und ich hörte sie bellen. Ich folgte nur ihrem Bellen und nach 15 Minuten hatte ich sie gefunden. Sie stand vor dem vermissten Hund, der sich mit der Leine an einem Baum verfangen hatte.
Ich beruhigte beide und machte ihn los.
Dann gingen wir zurück zur Straße, wo wir von glücklichen Haltern empfangen wurden. Nach großem Dank gingen wir erschöpft, aber glücklich, nach Hause.
Das ist nur ein Beispiel davon, was dieser Hund im Stande war an Leistung abzurufen.

Ich trainiere mit meinen Hunden neben Übungen wie „Grundgehorsam“ -was auch immer jeder darunter versteht – auch, dass nicht gejagt wird.
Also auch mit Kara. Um das zu üben, gehen wir unter anderem auch in Tierparks, in denen Hunde noch erlaubt sind oder auch in Wildtiergehege, die es hier in der Nähe gibt.
Bei einem Termin etwas weiter weg, hatte ich Kara mitgenommen, um sie wieder als Ablenkung einzusetzen. Beim Kunden besprachen wir erst alles vor Ort und gingen dann in einen öffentlichen Park. Der Hund des Kunden hatte einfach Probleme, mit der Menge an Eindrücken umzugehen, da wollten wir herausfinden, woran das lag und wie wir helfen konnten. In diesem Park war alles vertreten. Familien mit Kindern, Hunde und auch Hasen. Diese hatte ich leider zu spät gesehen. Kara jedoch nicht.
Einer hoppelte aus dem Gebüsch etwa 20 Meter vor uns, Kara schoss los und riss mich an der Leine um. Der Hund des Kunden sah, was Kara machte, und rannte auch los.
Auch mein Kunde landete auf seinem Hosenboden, genau neben mir. Kara und der Labrador waren weg und wir das Gespött der ganzen Parkbesucher. Also rappelten wir uns auf und rannten unseren Hunden hinterher, alles genau so, wie man es nicht machen sollte. Aber hier waren Familien, Kinder und Hunde, alle wollten nur ihre Freizeit in gemütlicher Atmosphäre verbringen, da sollte nicht wirklich was passieren.
Wir sprangen also in das Gebüsch und suchten unsere Hunde, wir riefen und suchten, wo die beiden sein könnten. Über eine Stunde suchten wir. Jeder Mensch, den wir fragten, schickte uns in eine andere Richtung.
Plötzlich kamen zwei Polizisten und jeder hatte einen unserer Hunde an der Leine. Erst mal waren wir überglücklich, dass die

Hunde wieder da waren, aber Polizei? Das heißt meistens nichts Gutes.
Sie erzählten, dass die Hunde gegenüber des Parks in einem Supermarkt gefunden wurden.
Richtig gelesen.
IN einem Supermarkt!!!!!!
Die Polizisten waren gerade vor Ort, um Kontrollen zu machen und hatten sofort reagiert, als die Hunde in den Markt gerannt waren.
Oh man, und das passiert ausgerechnet mir.
Kennt ihr den Spruch?
„Das hat er noch nie gemacht."
Ja, damit konnten wir uns auch nicht rausreden.
Unsere Personalien wurden aufgenommen, wir wurden aufgeklärt, dass so etwas nicht passieren dürfe und bekamen natürlich noch ein Verwarnungsgeld aufgebrummt. Beim Markleiter des Supermarkts mussten wir uns auch noch entschuldigen, dieser sah von einer zuvor angedrohten Anzeige aber zum Glück ab.
An dem Tag wollte ich dann nicht mehr weiter an dem Problem des Kunden arbeiten. Er zum Glück auch nicht und wir machten einen späteren Termin an einem anderen Platz aus.
Heute kann ich darüber lachen, aber an dem Tag war mir nicht wirklich nach Lachen zumute.

Kara lief fast immer ohne Leine, natürlich nur, wenn uns niemand entgegenkam, sonst machte ich die Leine dran. Einmal ging ich in einer mir fremden Gegend spazieren. Kara lief schön neben mir her, schnüffelte mal hier und mal da. Etwa hundert Meter vor einer Kreuzung rannte sie los und verschwand um die Ecke. Mist, das sollte nicht passieren.

Mein erster Gedanke war, dass sie vielleicht jagt, aber denkste. Ich rannte hinterher (ich bin nicht der schnellste und brauchte meine Zeit) und um die Ecke stand eine Bank, wo man etwas verweilen und sich an der Natur erfreuen konnte. Da saß ein älterer Mann und vor ihm saß Kara und schaute ihn an.
Ich musste kurz nach Luft ringen und sah, dass er sein Brot mit Kara teilte. Als er mich erblickte, fragte er, ob das ok sei. Nach Atem ringend nickte ich nur. Er sagte:
„Junger Mann, setzen Sie sich doch ein bisschen zu mir, bis Sie wieder atmen können.“
Ich setzte mich und sah, wie er Kara ein kleines Stück von seinem Wurstbrot gab und sie streichelte. Dabei kamen mir fast die Tränen, da mir in diesem Augenblick die ersten Wochen mit ihr in den Sinn kamen. Der Mann fing an mit mir und Kara zu reden. An dieser Bank traf er sich in seiner Jugend mit einem Mädchen, später heiratete er dieses Mädchen auch. Bis ins hohe Alter suchten beide immer wieder diesen Platz auf, um in Erinnerungen zu schwelgen. Letztes Jahr war seine Frau verstorben, er komme immer noch hierher, um an sie zu denken. Er erzählte mir viele kleine Geschichten und dass er schon über 80 Jahre alt sei.
Das machte mich sehr nachdenklich und betroffen.
Er sagte, dass Kara ein sehr freundlicher Hund sei, und er möge Hunde. Ich wollte ihm Karas Vorgeschichte nicht erzählen und ihm nur die Zeit mit Kara schildern, die er mochte.
Ich blieb ungefähr eine Stunde bei ihm und als ich ging, bedankte er sich, als ob wir ihm das größte Geschenk seines Lebens gemacht hätten.
Ich reichte ihm die Hand und ging nachdenklich mit Kara Richtung Auto.

In den nächsten Tagen ging ich immer wieder hier spazieren, in der Hoffnung, den alten Mann wiederzusehen. Aber er war nie wieder da. Bis heute weiß ich nicht, wer er war oder was mit ihm passierte.

Einmal ging ich mit unseren 6 Hunden spazieren, als plötzlich aus der Ferne ein großer Hund in unsere Richtung gerannt kam. Eine Frau schreiend hinterher. Was sie schrie, konnte ich aufgrund der Entfernung nicht verstehen.
Als der Hund immer näherkam, setzte ich meine Hunde ab und ging etwa drei Meter vor sie, um mich gegen den Angreifer zu stellen. Als dieser Hund sich weiter näherte, sah ich, dass er optisch wie etwa ein Kangal aussah. Das Erste, was mir in den Kopf kam, war:
„Bleib ruhig."
Etwa 5 Meter vor mir blieb er stehen, sein Frauchen noch sehr weit entfernt und immer noch am Schreien. Ich stand nur da und machte mich so breit wie möglich, blieb aber ruhig. Plötzlich kam von hinten Kara an mir vorbei. Ganz langsam und sie schaute beim Vorbeigehen zu mir, als wollte sie sagen:
„Bleib stehen Papa, ich mache das."
Was sollte ich in dem Moment tun? Wenn ich jetzt versuchte, mich mit Kara auseinanderzusetzen, käme vielleicht der andere Hund auf dumme Gedanken. Und in der Ferne schrie die Frau immer noch nach ihrem Hund. Nun konnte ich wenigstens verstehen, dass der Hund Gibson hieß.
Kara ging langsam in Richtung Gibson. Kurz blieben sie voreinander stehen. Dann umkreisten sich beide Hunde sehr langsam und innerlich bereitete ich mich nur noch auf einen Kampf vor.
Ich betete, dass die Frau endlich mal die Schnauze hielt, denn sie machte es mit ihrem Geschrei nicht besser.

Kara ging langsam in Richtung der Frau, also von uns weg. Gibson folgte ihr langsam.
Ich machte der Frau, die endlich angekommen war, mit Gesten begreiflich, dass sie stehen bleiben und auch endlich mal die Schnauze halten sollte. Dann drehte Kara ab und kam zu uns zurück. Die Frau leinte Gibson dann sofort an. Das ganze Szenario hatte mich sehr beeindruckt. Kara kam zu mir und setzte sich neben mich. Unser restliches Rudel lag mittlerweile hinter uns. Aber gerade, als ich fast vor Stolz über Kara platzte, fing die Frau an, uns blöd anzumachen. Wie könne man nur mit so vielen Hunden spazieren gehen, das wäre ja gefährlich und unverantwortlich und so weiter und so weiter.
Was sollte ich da sagen, jedes Wort hätte wieder eine Gegenreaktion hervorgerufen.
Zur Erinnerung: Ihr Hund hatte sich ihrer Verantwortung entzogen, nicht meine Hunde.
Aber wir wurden angemacht.
Ich werde sowas nie verstehen und ich machte mich mit meinem Rudel enttäuscht auf den Weg nach Hause.

In der Vergangenheit war ich des Öfteren in verschiedenen Hundehotels. Teils um etwas Urlaub zu machen, teils wurde ich gebucht, um Seminare abzuhalten. Oft passierten entweder lustige oder auch mal ärgerliche Geschichten.
Meine Fahrzeuge sind mit der Werbung meiner Hundeschule beschriftet, daher wusste jeder gleich, dass ein Hundetrainer im Hause war. Einmal war ich in einer Sauna zum Entspannen, zumindest war das mein Plan, da kam eine Frau herein und redete sofort drauf los:
„Sie sind doch der Herr Paul und ich habe ein Problem mit meinem Hund und Sie müssen mir jetzt helfen und ...“

Das nervte. Selbst als ich sie bat, auch mir meine Freizeit zu gönnen, war ich gleich der Unverschämte, der ihr ja nicht helfen wollte. Ich versuchte, der Dame ihr unverschämtes Verhalten so nett ich nur konnte und so schonend beizubringen, wie es nur ging.
Schließlich war ich in diesem Hotel zu Seminaren gebucht und durfte mir das ja nicht verbauen. Aber es half nicht wirklich. Also wurde ich direkter und natürlich musste ich danach zum Hotelier, um meine Version zu schildern.
Solche Geschichten gab es fast täglich.

In einem Hundehotel war ich mit meinen Hunden im Urlaub und mittags im Restaurant des Hotels. Die Hunde durften ausdrücklich nur an der Leine zum Essen mitgebracht werden. Am 5. Tag beschwerte sich ein Gast an der Rezeption, dass ich mit 5 Rottweilern im Gastraum sitzen würde und dies würde seinem Hund Angst machen. Daraufhin wurde ich von den Angestellten gebeten, doch bitte die Hunde im Zimmer zu lassen, oder das Essen auf dem Zimmer einzunehmen.
Auf meine Frage *„Warum?“*, kam nur die Antwort, dass es Beschwerden gäbe. Ich erklärte den Kaspern, dass weder ich noch meine Hunde irgendetwas falsch machten. Aber auch diese Diskussion brachte nur Zeitaufschub, bis der Chef des Hauses kam und ins gleiche Horn schrie.
Viele Hunde waren im Gastraum, aber nur ich musste etwas ändern.
Brächte es da was, eine Diskussion zu starten? Eher nicht, denn fast alle Gäste waren mit kleinen Hunden da oder mit „lieben“ Rassen!!! Also brachen wir unseren Urlaub ab und fuhren verärgert nach Hause.

In einem anderen Hundehotel ging ich morgens früh, bevor meine Seminare anfingen, mit meinen Hunden spazieren. Da sind noch nicht viele unterwegs und wir haben unsere Ruhe. Einmal lief eine Frau mit einem kleinen Malteser ca. 100 Meter vor uns. Als sie uns wahrnahm, rannte sie schnell von uns weg und wollte über die Leitplanke klettern. Wohlgemerkt, daneben war eine Bundesstraße. Sie stürzte und ich rannte mit meinen Hunden in ihre Richtung, um ihr zu helfen. Sie schrie, dass ich verschwinden sollte und ich verstand nicht, warum.
Was hatte ich ihr denn getan?
Ich kannte diese Frau ja gar nicht.
Kopfschüttelnd setzte ich meinen Spaziergang fort und kam nach einer Stunde wieder im Hotel an.
Der Chef stand schon am Empfang und sagte, dass ich bitte in sein Büro kommen sollte. Ich folgte seinem Wunsch und ging mit meinen Hunden in sein Büro. Er erzählte mir, dass sich gerade eine Kundin über uns beschwert hatte. Ich hätte sie mit meinen Hunden gejagt, bis sie über die Leitplanke stürzte. Sie wolle, dass ich mit meinen Kampfhunden das Hotel verlasse, oder sie würde mich anzeigen.
Ich war kurz sprachlos.
Was hatte ich denn gemacht?
Woher wusste sie, dass Kara ein Kampfhund war?
Der Chef des Hotels gab zu, dass er selbst eigentlich voller Stolz erzählt hatte, dass ein Trainer im Hotel sei und sogar einen Kampfhund resozialisiert habe.
Daher habe sie das wohl aufgeschnappt.
Ich erzählte ihm, wie es wirklich abgelaufen war und daraufhin sollte ich kurz warten. Er wollte nun seine Kundin darauf ansprechen. Nach einer Ewigkeit kam er zurück und berichtete mir, dass diese Frau bereits das halbe Hotel mit ihrer Geschichte infiziert hatte und das war nicht mehr zu händeln.

Er musste die Entscheidung so treffen, dass ich sofort mit meinen Hunden das Hotel verlassen müsste. Ich musste zwar nichts bezahlen, aber schön war das nicht. Kara hatte nichts getan und war auch nicht auffällig geworden. Also versuchte ich meinen Hunden zuliebe ruhig zu bleiben und ging in unser Zimmer zum Koffer packen. Danach fuhren wir wieder sehr nachdenklich nach Hause. Dass seit dieser Zeit das Thema Hotels für uns gestorben ist, scheint bestimmt jedem klar zu sein. Auch wenn nicht alle Hundehotels so waren, aber ich wollte meinen Hunden diesen Zirkus nicht mehr antun.
Erlebnisse die weh taten, auch heute noch. Sie schmerzen und entbehren jeglicher Grundlage.
Erinnert ihr euch noch?
Rottweiler/Kara,
schuldig geboren.

Wie jeder Fahrzeugbesitzer muss auch ich alle zwei Jahre zum TÜV. An diesem Tag hatte mein Hunde-Bus einen Termin dort. Ich legte das zeitlich so, dass ich anschließend gleich weiter zu einem Geschäftstermin fahren konnte. Auch Baba, Raul, Tina und Kara waren dabei, ich brauchte sie bei meinem Termin als Ablenkung. Also fuhren wir los, mit dem Ziel: TÜV-Abnahme. Kara und die anderen lagen entspannt hinten im Bus in der Box. Ich ging zur Anmeldung und wartete danach im Bus, bis ein Prüfer kam. Dieser Herr bat mich dann auszusteigen, damit er das Fahrzeug in die Halle fahren und prüfen konnte. Also stieg ich aus und überließ unseren Bus dem Prüfer.
Er fuhr in die Halle auf den Bremsenprüfstand und kontrollierte dabei die Beleuchtung. Als er auf die Hupe drückte, gab Kara einen Bell-Laut von sich. Der Prüfer blickte in den Rückspiegel

und sah, dass 4 Rottweiler im Heck in ihren Boxen saßen und ihn anschauten.
Er bekam einen Schrecken und sprang aus dem Auto. Er schrie mich an, dass dieses Verhalten gefährlich sei und er die weitere Prüfung ablehnte, wenn die Hunde nicht schnell aus dem Auto entfernt würden. Ich fragte ihn, ob er denn nicht mehr alle Tassen im Schrank hätte. Meine Hunde saßen alle in einer Box und könnten ihm doch nichts tun.
Nein, er bestand darauf.
Also holte ich alle aus dem Bus und ging auf die Fahrerseite, um in der Halle zu warten. Der Prüfer sprang in das Fahrzeug und schrie aus dem Fenster, dass ich mit den Hunden die Halle verlassen müsse.
Man sollte vielleicht erwähnen, dass noch zwei weitere Herrschaften in der Halle warteten und hier auch ein extra Wartebereich war. Draußen regnete es und nur ich musste raus.
Nun reichte es.
Ich setzte die Hunde hin und ging zu meinem Bus, um die Tür zu öffnen. Aber der Prüfer hatte von innen zu gemacht, weil er meine Wut anscheinend bemerkt hatte. Aufgrund der ganzen Schreierei kam der Chef dieses Hühnerhaufens aus seinem Büro und fragte, was denn hier los sei.
Ich erklärte ihm die Situation und schilderte das Vorgehen seines Prüfers. Als er seinen Mitarbeiter fragte und dieser alles zu unseren Ungunsten wiedergab, schaltete sich einer der anderen Kunden ein und sagte für mich aus.
Der Chef sagte seinem Prüfer, dass er aus dem Fahrzeug steigen sollte und der Chef persönlich machte meine Abnahme fertig.
Als der Prüfer ausstieg, ging Kara an meine Seite und zeigte ihm, mit einem schönen, tiefen Brummen, deutlich ihre weißen Zähne. Danach entschuldigte sich der Chef für seinen Prüfer und wir fuhren mit gemischten Gefühlen zum nächsten Termin.

Liebe Leser, ich möchte nicht, dass es falsch rüberkommt. Es gab ja nicht nur Ereignisse mit Kara, die voll daneben waren, aber ist es lesenswert, wenn ich schreibe, wie schön ein Tag war, an dem nichts passiert ist?

Nur ein schöner gemeinsamer Spaziergang am Morgen, danach zuhause für die Kleinen das Essen angerichtet und je nachdem, wie meine Termine waren, ging der Tag unterschiedlich weiter. Abends ein schöner Spaziergang und wieder zuhause das Essen angerichtet. Ein Kauartikel als Betthupferl und der Tag ist zu Ende.
Sehr schön, aber auch lesenswert?

Als ich einmal von einem Hund an der Hand verletzt wurde und dieser eine Sehne durchgebissen hatte, musste ich operiert werden. Danach konnte ich meine Finger nicht mehr richtig bewegen und so suchte ich mir einen Physiotherapeuten, um meine Hand wieder gangbar zu machen. Der erste war schon mal nix. Nicht, dass er nichts konnte, aber ich brauchte jemanden, der mit mir richtig arbeitete und Ergebnisse erzielte und niemanden, der meine Hand gesund streichelt. Also schaute ich mich weiter um und fand den nächsten Physiotherapeuten. Dieses Mal war es eine Frau. Ich sagte ihr gleich beim ersten Gespräch, dass ich keine Streicheleinheiten brauchte, es müsse so schnell wie möglich funktionieren, da ich für meine Hunde und meinen Beruf beide Hände dringend bräuchte.

Ok, sie wusste nun, was ich wollte und das bekam ich auch. Es war sehr schmerzhaft, als sie immer wieder meine Finger dehnte, wirklich sehr schmerzhaft, und zum Abschluss jeder Stunde, musste ich in so einer Art Sandkasten versuchen, immer wieder eine Faust zu machen. Jede Woche 3-mal. Dabei kamen wir natürlich auch auf meinen Beruf und die Hunde zu sprechen. Irgendwann sagte sie, ich solle doch die Hunde einfach mal mitbringen. Ich bekam extra den letzten Termin des Tages, damit ihre Patienten keinen Herzstillstand bekämen.

Dann kreuzte ich mit 3 Rottweilern auf.

Mein Arny ging gleich zu ihr, denn für den Kerl gab es nichts Schöneres, als von einer Frau gestreichelt zu werden, dafür würde er auch sein Vaterland verraten und das Essen stehen lassen. Gino und Kara legte ich hinter mir ab und dann bearbeitete die Physiotherapeutin wieder meine Hand.

Kara merkte, dass es mir weh tat und dachte, dass sie mir helfen müsste. Sie kam von hinten zu mir an die Seite und schaute mich an. Ich verstand ihre Frage sofort und sagte ihr, dass alles in Ordnung sei und sie sich wieder hinlegen sollte. Meine Physiotante fragte interessiert, was das gerade war, und ich erklärte ihr, dass Kara mich gerade gefragt hatte, ob es ok sei

was die Frau da machte. Hätte ich es zugelassen, wäre Kara wohl zu ihr gegangen und hätte das mit ihr ausdiskutiert. Sie lachte und bedankte sich, dass Kara sich mit mir abspricht.
Auch deshalb musste ich am Anfang so viel und intensiv mit Kara arbeiten, dass es nicht zu blöden Situationen kam und sie mich immer fragte, bevor sie handelte.

Es gab einmal einen Pudel- Labrador-Mix - richtig gelesen: ein Pudel-Labrador und kein Labradoodle. Denn als diese Geschichte entstand, waren die ganzen Mischungen mit Pudel und doodle noch nicht „in". Dieser Hund war ein Rüde namens Benny. Er und sein Frauchen Melanie, trafen uns im Schnitt 2- bis 3-mal im Monat rein zufällig, weil wir sehr oft das gleiche Areal nutzten, um Gassi zu gehen. Benny und Kara verstanden sich echt supergut, richtig traumhaft und es war immer sehr schön, die beiden beim Spiel zu beobachten. Benny war schon etwas älter, aber noch top fit. Im Laufe der Zeit ging aber auch an ihm das Alter nicht spurlos vorbei und wir sahen die beiden immer seltener. Jedes Mal, wenn wir an besagter Stelle waren, schaute Kara sich immer wieder um, damit sie vielleicht doch irgendwo Benny erblickte.
Irgendwann sahen wir sie gar nicht mehr.
Eines Tages, sehr spät am Abend, bekam ich einen Anruf. Melanie war dran und heulte am Telefon, dass ich kaum was verstanden hatte. Sie legte auf, weil es einfach zu schwer war für sie und schrieb mir eine Nachricht über WhatsApp. In der Nachricht stand, dass Benny schwer krank sei und am nächsten Tag erlöst werde. Sie wünschte sich sehnlichst für Benny, dass er Kara noch einmal sehen dürfte. Das konnte sie mir am Telefon nicht sagen, ihre Emotionen übermannten sie und es war einfach zu viel. Mir flossen die Tränen, sodass auch ich nicht

mehr sprechen konnte. Wir schrieben nun nur noch hin und her und verabredeten uns für den nächsten Tag um 08:00 Uhr bei ihr zuhause. Sie gab mir ihre Adresse und ich legte mich traurig zu Kara. Schlaf bekam ich diese Nacht nicht. Am nächsten Morgen brachen wir schon früh zum Spazierengehen auf. Danach fuhr ich mit Kara zu Melanie und Benny. Meine Tränen konnte ich die ganze Zeit nicht mehr zurückhalten und ließ ihnen freien Lauf. Bei Melanie angekommen, kam sie mir schon im Hof tränenüberströmt entgegen.
Ich holte Kara aus dem Auto und keiner redete auch nur ein Wort. Was sollte man da auch sagen? Es gab keine Worte, die hier Trost spendeten. Wir gingen ins Haus und im Wohnzimmer lag Benny auf seinem Bettchen. Er wedelte ganz schwach, als er Kara sah. Aufstehen konnte er schon gar nicht mehr. Kara ging langsam zu ihm und schnüffelte an ihm, dann legte sie sich einfach ganz eng zu ihm hin. Melanie und ich heulten Rotz und Wasser. So schön diese Geste der beiden Hunde auch war, so bitter und traurig war sie auch für uns. Wir setzten uns auf den Boden neben die Hunde und sprachen immer noch kein Wort miteinander. Plötzlich hielten wir uns an den Händen, weil wir merkten, dass Bennys Zeit nun gekommen war. Er schlief einfach ein und seine Seele machte sich auf die Reise ins Regenbogen-Land. Es machte den Anschein, dass er nur noch darauf gewartet hätte, seine Freundin noch einmal zu sehen und sich persönlich von ihr zu verabschieden. Wir mussten ihn nun nicht mehr erlösen lassen, er ging in Frieden mit seiner besten Freundin ganz dicht an seiner Seite. Ich bemerkte auch bei Kara, dass sie trauerte. Man kann das an nichts genau festmachen, man sieht das einfach, wenn man wenigstens ein bisschen Empathie in sich hat.
Melanie hatte schon einen Termin im Krematorium ausgemacht, weil sie ja ursprünglich nach dem Tierarzt dahin

wollte. Als es Zeit wurde, half ich ihr, Benny in mein Auto zu legen und fuhr mit ihr und den beiden Hunden nach Ludwigshafen ins Krematorium. Ich blieb die ganze Zeit bei ihr und während wir auf die Asche von Benny warteten, machten wir zusammen mit Kara einen Spaziergang. Noch immer sprachen wir kein einziges Wort.
Am späten Nachmittag holten wir die Asche von Benny und fuhren nach Hause. Melanies Eltern waren da und versuchten ihre Tochter zu trösten. Kara und ich verabschiedeten uns und fuhren sehr traurig nach Hause. Nach einigen Wochen rief mich Melanie an, um sich noch mal recht herzlich bei mir zu bedanken. Wir verabredeten uns zu einem Spaziergang und konnten nun, mit etwas Abstand, auch das Geschehene bei einem Gespräch verarbeiten.

Jedes Jahr fahre ich 2- bis 3-mal für eine Übernachtung mit meinen Hunden weg. Nicht weit, immer im Umkreis von bis zu 150 Kilometern. Um mir eine kleine Auszeit vom stressigen Alltag zu gönnen, habe ich meinen Bus mit Bett, Waschbecken, Herd, Heizung und Markise ausgebaut. Wenn es soweit ist, fahre einfach los, ohne konkretes Ziel. Richtung Schwarzwald oder Richtung Westpfalz. Diese Gegenden finde ich sehr schön und dort kann ich für einen kleinen Moment abschalten und nur meine Hunde und die Natur genießen. Im Bereich Westpfalz entdeckte ich einmal durch Zufall eine baufällige Hütte.
Diese war für unsere Zwecke noch mehr als geeignet. Das Dach war intakt, sodass es auch bei Regen darunter trocken blieb. Eine der Längsseiten fehlte. Dort stellte ich meinen Bus quer davor und fuhr immer die Markise aus, damit der Bereich untendrunter größer war und uns vor Regen oder Hitze etwas Schutz bot. Diese Hütte lag auf einem Hügel, ringsherum waren

nur Wiesen und Wald. Nie hatte ich da eine Menschenseele gesehen. Einfach traumhaft schön. Immer wenn wir dort ankamen, merkte ich direkt, dass ich entspannter wurde und parkte unser Fahrzeug vor der Hütte. Ich richtete den Tisch und die Stühle, setzte das Essen für die Hunde an und saß nur da. Genoss diese herrliche Landschaft und die Ruhe. Meine Hunde waren immer um mich herum und lagen meist auch nur da und ruhten sich aus. Mir kam es immer so vor, als ob ihnen diese Abwechslung genauso guttat wie mir. Zwischendurch machten wir einen kleinen Spaziergang über die Wiesen und um den Hügel und dann ging es schon ans Abendessen. Wie immer zuerst die Hunde und danach machte ich mir eine Kleinigkeit zu Essen. Oft schlief ich draußen unter dem Dach, inmitten meiner Hunde. Kara legte sich immer ganz nah zu mir und schlief meistens ganz dicht in meinen Armen ein. Wenn wir aufwachten, gingen wir eine kleine Runde und danach bereitete ich wieder das Essen für die Kleinen. Wenn ich selbst anschließend frühstückte, lagen alle um mich herum und ab und zu bekamen sie auch was von meinem Frühstück ab. Jedoch immer nur wenn wir unterwegs waren, nie zuhause. Dann setzten wir uns wieder hin und genossen einfach den Tag. Manchmal hatte ich auch ein Buch dabei und las einfach laut darin, ich dachte immer, dass ich den Hunden was vorlese, aber das ist zu menschlich gedacht. Irgendwann mussten wir uns gegen Nachmittag wieder auf den Weg machen und die Rückreise antreten.
Als ich vor kurzer Zeit wieder dahin wollte, war der Zufahrtsweg gesperrt. Als wir dann den Rest zur Hütte gelaufen sind, war diese nicht mehr da. Alles wurde abgerissen und eine Baustelle für ein Windrad errichtet. Wieder ein Schlag in den Nacken und eine schöne Landschaft kaputt gemacht. Seitdem habe ich keine

Lust mehr zu suchen und zu suchen. Vielleicht ergibt sich ja irgendwann mal wieder so eine Möglichkeit.
Diese kleinen Auszeiten vermisse ich sehr.

Unser vorheriges Haus hatten wir neu gebaut und mit unseren modernen Gedanken mussten auch mehrere, sehr hohe Terassentüren eingebaut werden, um so viel Draußen nach drinnen zu bringen.
Eines schönen, sonnigen Tages machte ich mich gerade im Bad fertig, um zur Arbeit zu gehen. Die Terassentüren standen noch alle weit offen, als plötzlich 3 Schwalben ins Haus flogen.
Sofort brach hier die Hölle los. Arny und Kara sprangen über Couch und Tisch, um die Vögel zu erwischen, Cash konnte aufgrund seines Alters nicht mehr richtig, aber natürlich machte auch er im Rahmen seiner Möglichkeiten mit.

Wohlgemerkt, draußen wurden keine Vögel gejagt, aber anscheinend ist im Haus eine andere Situation und sie betrachteten diese als Eindringlinge.
Ich rannte in den Unterhosen ins Wohnzimmer und wusste gar nicht so recht, wo ich anfangen sollte.
Glaubt mir, Schreien hilft nicht wirklich.
Also wedelte ich wild mit den Armen, um die Vögel zu den Türen zu bewegen, aber mit so hohen Räumen war das nicht so einfach. Die Hunde waren außer Rand und Band. Ich holte einen Besen, um weiter nach oben zu kommen. Nach kurzer Zeit gelang es mir, den ersten Vogel nach draußen zu bewegen. Vor lauter Stress und Angst hatten die Vögel überall hingekackt. Der zweite Vogel flog zwar aus dem Fenster, kam aber durch das nächste Fenster wieder rein. Also machte ich nun alle Fenster zu, bis auf die eine große Terassentür. Weiter ging es, denn weder die Vögel noch die Hunde konnten runterfahren. Kara sprang so in der Wohnung umher, dass überall unsere Deko herumflog. Arny hatte die Boxen der Stereoanlage umgeworfen. Und ich mittendrin in Unterhosen. Inzwischen hatte ich den zweiten Vogel wieder nach draußen bekommen und konnte mich nun auf den letzten konzentrieren. Er wurde immer schwächer und flog nun auch tiefer. Das gefiel mir nicht, denn nun konnten die Hunde leichter drankommen. Schließlich setzte sich der Vogel völlig erschöpft auf die Lehne der Couch. Ich sprang über den Tisch und hechtete zu dem Vogel, Kara hatte die gleiche Idee. Ich bekam ihn eine Millisekunde vor Kara zu fassen und dabei erwischte sie mich mit ihren Zähnen an meiner Hand und verpasste mir eine größere Fleischwunde.
Aber ich wollte ja auch, dass den Vögeln nichts passierte.
Ich brachte nun auch den letzten Vogel nach draußen.

Dabei sah ich, wie 2 meiner Nachbarn am Zaun standen und sich über uns lustig machten. Wahrscheinlich über mich, weil ich wie ein Bekloppter in Unterhosen durch die Wohnung sprang.
Ich grüßte die beiden blutverschmiert und schloss die Tür.
So, nun musste ich erst mal meine Verletzung versorgen. Also ins Bad und mal schauen, was meiner Hand fehlte. Die Wunde war zu groß, um das mit einem Pflaster zu beheben. Also zog ich mich an, sagte meinen Termin ab und fuhr ins Krankenhaus, um mich versorgen zu lassen.
Als ich wieder heimkam und das Adrenalin wieder auf normal Null war, bekam ich beim Eintreten in die Wohnung einen richtigen Schrecken. Es sah aus, als wäre eine Bombe hochgegangen. Das hatte ich zuvor gar nicht richtig realisiert.
Also aufräumen und hinlegen, um den ganzen Schrecken zu verarbeiten.
Das Wichtigste war, dass den Hunden und den Vögeln nichts passiert war.

Ralf, ein guter Freund von mir, bekam das ganze Prozedere um Kara auch mit und bei einem netten Grillabend bei uns zuhause fragte er mich, was wohl passieren würde, wenn ein Einbrecher in unser Grundstück eindringen würde.
Sofort und ohne zu überlegen, sagte ich ihm, dass es keine gute Idee wäre, denn meine Hunde machten keine Gefangenen, dafür würde alleine schon Kara sorgen. Je länger der Abend wurde und je länger wir das Thema immer wieder durchspielten (meistens ins Lächerliche gezogen), desto mehr wurde Ralf interessierter, das einmal herauszufinden.
Er meinte, dass es doch mal gut wäre, dies einfach zu wissen und mit genügend Schutz könnte doch nichts passieren.

Er war beim Zoll und seine Dienststelle hätte solche Ganzkörper- Schutzanzüge inklusive Kopfschutz. Damit könnten wir es doch einmal testen.
Gegen Mitternacht interessierte es mich nun auch brennend, ob Kara oder einer meiner anderen Hunde für Ordnung sorgen würden. Also brachte Ralf ein paar Tage später einen Vollanzug mit und wir besprachen, wieder beim gemütlichen Grillen, das genaue Vorgehen.
Ich hatte einen Kunden gebeten, uns mit der notwendigen Funktechnik zu unterstützen, damit wir uns gegenseitig hören und verständigen konnten. Angedacht war, dass Ralf über das Tor klettern sollte, aber mit dem Anzug war das zu schwer und er zu unbeweglich. Daher fuhr ich mit dem Auto weg, damit meine Hunde dachten, zuhause wäre nun niemand mehr.
Ich parkte aber nur eine Straße weiter, damit ich zur Not eingreifen konnte. Das war auch gut so, wie sich später herausstellen sollte.
Ralf wurde nun professionell verkabelt und ging mit meinem Schlüssel zu unserem Hoftor. Cash lag im Hof und schaute nur, was sich hier abspielen sollte.
Ralf ging rein und Cash brummte, blieb aber liegen. Dann ging Ralf zur Haustüre und scherzte dabei noch, dass meine Hunde alles andere als Wachhunde seien.
Nun noch die Tür aufschließen und rein ins Vergnügen.
Beim Betreten des Hauses war Ralf nur 3 Meter weit gekommen, als Arny angeschossen kam und Kara von der Couch herunter auf ihn sprang. Beide setzten Ralf richtig zu und auch Cash kam noch durch die Hundeklappe zur Unterstützung dazu.
Wir hatten ein Codewort festgelegt, „Käsekuchen“. Als Ralf das Wort ständig rief, machte ich mich auf den Weg zum Haus. Es dauerte nur 10 Sekunden, bis ich da war und weitere 10 Sekunden, bis ich im Haus war.

Ich rief sofort die Hunde zu mir. Arny und Cash kamen sofort, nur Kara nicht.
Losgelassen hatten alle, nur Kara stand vor Ralf und schaute ihm so tief in die Augen, dass es ihm das Blut in den Adern gefrieren ließ.
Ich sagte nun etwas energischer zu Kara, dass sie zu mir kommen sollte. Nun ging sie ganz langsam rückwärts von Ralf weg, aber nicht in meine Richtung.
Sie ließ den „Feind“ nicht aus den Augen. Ich ging zu Ralf und half ihm hoch, nun fing Kara langsam an zu entspannen. Ich ging zu Kara und lobte sie für diesen Einsatz, auch die anderen beiden und Ralf konnte nun das Haus sicher verlassen.
Ich ging nach draußen, um Ralf zu helfen, den mittlerweile zerrissenen Vollanzug auszuziehen und wir besprachen das gerade erlebte.
Ein Mikro ging zu Bruch und auch der Anzug war hinüber. Kara hatte volle Arbeit geleistet.

Dieser Test kostete mich über 1500 €, denn das Material war hinüber und das musste ich bezahlen.
Nun kann man streiten und diskutieren, ob das nötig war.
Klare Antwort: Nein.
Nötig war es nicht, aber doch sehr interessant für mich als Hundetrainer, dieses Zusammenspiel der Hunde live zu sehen und zu analysieren. Sowas bekommt man in geschütztem Rahmen nur einmal zu sehen.
Ralf hatte das sehr gut gemacht und dennoch hatte ihm Kara so zugesetzt, dass es ihm überall weh tat. Aber das würde wieder, er sollte sich nicht so anstellen.
Nach gut einer Stunde der Analyse ging ich mit Ralf wieder ins Haus. Vorsorglich nahm ich Kara an die Leine, aber nichts passierte. Alle Hunde freuten sich Ralf zu sehen, als wenn nichts gewesen wäre, auch Kara. Also unterm Strich, alles gut.

Und nun nochmals abschließend die Frage, ob das nötig war.
Klare Antwort: Ja.
Denn in meinem Beruf komme ich auch in Häuser, wo Hunde nicht gut auf mich zu sprechen sind, oder wo ich Hunde aus Häusern holen muss, die auf ihre Besitzer losgehen.
Für diese Situationen habe ich bei diesem „Test" sehr viel gelernt. Im Nachhinein ärgert es mich ein wenig, dass ich nicht vielmehr mit Kamera oder ähnlichem gearbeitet habe, um für die Nachwelt diese Geschichte in Bildern zu zeigen.
Aber was solls, den Hunden ging es gut und Ralf hatte auch überlebt. Zum Dank wurde wieder der Grill angeworfen und ich zahlte brav meine Rechnungen.

Vor vielen Jahren waren meine Frau, meine Wenigkeit und unsere 6 Hunde im Urlaub. Jawohl, richtig gelesen, Urlaub. Zwei Wochen, ein Haus mit viel Grundstück drum rum und eingezäunt. Viele 100 Kilometer von unserem Wohnort entfernt. Es sollte uns einfach mal für eine kurze Zeit allen Ärger und alle schlechten Gedanken vergessen machen. Ja, sollte. Tat es aber nur bedingt.
Um von diesem Haus zum Spazierengehen in die Felder zu gelangen, mussten wir durch die Straße am Haus ca. 200 Meter weit an 9 Häusern vorbeilaufen. Bei jedem Spaziergang sah ich die Blicke der Anwohner, bei jedem Spaziergang bemerkte ich die Ablehnung, die uns entgegengebracht wurde. Und das im Urlaub. Keiner unserer Hunde hatte was getan, keiner verrichtete sein Geschäft irgendwo und wenn doch, machten wir es mit Tüten weg und entsorgten es zuhause im Mülleimer. In fast jedem Anwesen gab es einen Hund, alle waren am

Kläffen, auch wenn wir nicht vorbeiliefen. Aber das war alles Ok, nur wir waren einfach nicht willkommen.
Mit solchen Eindrücken und Gefühlen kann ich ganz schlecht umgehen. Daher war der Urlaub auch nicht zum Genießen oder Erholen für mich. In einer Broschüre, die in dem Haus für die Gäste (also uns) auslag, war auch eine Gaststätte beschrieben, die nur wenige Kilometer entfernt war. Da durften Hunde mitgenommen werden. Also rief ich vorsichtshalber an und wir wurden freundlich eingeladen, mit unseren Hunden zu kommen. Als wir ankamen und mit unseren Hunden das Gasthaus betraten, brach sofort ein Höllenlärm aus. Es waren viele Hunde anwesend, die alle gleichzeitig zu bellen anfingen, als sie uns sahen. Wir standen am Eingang und unsere Hunde waren ruhig, doch wir wurden angestarrt, als ob wir dieses Chaos veranstalteten. Eine Bedienung kam auf uns zu und bat uns rauszugehen, der Chef käme gleich zu uns. Also warteten wir draußen. Nach einer gefühlten Ewigkeit kam dann der Herr des Hauses und bat um Entschuldigung. Wir könnten jedoch nicht in der Gaststätte Platz nehmen. Dies würde mit dem ganzen Lärm einfach zu weit gehen. Aber er könne uns im Flur vor den Toiletten einen Tisch hinstellen lassen, damit wir was zu essen bekämen. Ich schaute meine Frau an und wir drehten uns um und gingen zu unserem Ferienhaus zurück.
Zuhause machten wir uns ein paar belegte Brote und gingen verärgert ins Bett. Am nächsten Tag besprachen wir, ob wir den Urlaub abbrechen und wieder nach Hause fahren sollten, denn es war einfach zu viel. Doch wir waren so weit gefahren, dass wir beschlossen, zu bleiben und uns nur noch zuhause was zu essen zu machen und mit dem Auto ins Feld fahren. 5 Tage bevor unser Urlaub zu Ende war, ging uns das Futter aus. Ich hatte anscheinend etwas zu wenig berechnet.

Bei 65 Kilo Futter, die wir dabeihatten, konnte das schon mal passieren. Also fuhr ich mit Kara in die Großstadt, in so einen Futtertempel, um für den Rest unseres Aufenthaltes noch was zu besorgen. Ich fragte am Eingang, ob meine Kara mitrein dürfte und es wurde genehmigt. Ich suchte gutes Futter und fand nicht wirklich etwas Geeignetes. Also nahm ich nach langer Suche das Beste, was sie hatten, und ging mit Kara zur Kasse. Gerade als ich am Bezahlen war, kam eine ältere Dame herein und fragte die Kassiererin nach gutem Futter für ihren kleinen Hund, den sie gerade aus dem Tierheim geholt hatte. Die Kassiererin zeigte auf das Sonderangebot ihrer Hausmarke, dies wäre super. Da ich mich mit Ernährung sehr gut auskenne, wusste ich, dass dem nicht so war und fragte die Kassiererin, warum denn das Futter so gut sei. Ihre Antwort war zum Haare raufen:

„Es ist im Angebot."

Ich glaubte nicht, was ich da hörte, ließ meine Ware zurücklegen und bot der älteren Dame an, ihr zu helfen und sie zu beraten. Sie nahm mein Angebot dankend an und wir gingen zu den Regalen mit dem Futter. Ich fragte sie nach ihrem Hund, Alter, Rasse, Unverträglichkeiten, ... und dann beriet ich sie umfassend. Weitere Kunden bekamen das mit und schnell bildete sich eine Menschentraube um uns herum, die alle etwas über Ernährung lernen wollten. Ich versuchte jedem zu erklären, was und wie man die Deklaration auf der Verpackung lesen und verstehen muss.

Was ein Hund an Nährstoffen braucht und was nicht, was in einer guten Hundenahrung drin sein sollte und was nicht.

Nach einer Weile kam der Filialleiter. Er musste sich einen Weg durch die Menge bahnen und fragte, was das hier sollte. Ich sagte ihm nur, dass ich die Arbeit von ihm und seinen

Mitarbeitern machte, da sie hier anscheinend, aufgrund unzureichender Ausbildung, nicht dazu in der Lage waren.
Daraufhin wurde er laut und Kara stellte sich vor mich und knurrte ihn an.
Dann nahm er sein Hausrecht in Anspruch und warf uns raus. Wenn wir nicht sofort gingen, holte er die Polizei. Wir hätten ab sofort Hausverbot. Kara und ich gingen und auch der Großteil der anwesenden Kunden verließ dieses Geschäft, ohne etwas zu kaufen, denn sie schlugen sich auf unsere Seite. Wahrscheinlich bin ich der erste Mensch, der in so einem Futtertempel Hausverbot bekommen hat, und das nur aufgrund fachlicher Beratung der Kundschaft. Auf dem Parkplatz sagte man mir, wo noch ein Laden war und wir fuhren dahin, um Futter zu kaufen. In diesem Laden gab es dann auch das gute Futter für uns und auch die Menschen, die mit uns dahinfuhren, bekamen etwas Gutes für ihre Hunde. Auch die ältere Dame. Sie alle bedankten sich bei mir und würden diese Geschichte bestimmt nicht so schnell vergessen.

Ich wollte einmal ein privates Experiment über uns Menschen machen und fuhr mit Ralf, meinem Kumpel, und 3 meiner Rottweiler in die Stadt. Kara, Arny und Cash.
Ich parkte in der Nähe des Zentrums und holte meine Hunde aus dem Bus und befestigte die Leinen und Halsbänder. Ich selbst war schwarz angezogen und wir machten uns auf den Weg. In sicherer Entfernung lief Ralf mit der Kamera, um alles für mich auf Filmmaterial festzuhalten, damit ich mein Experiment auch für mich analysieren konnte und zusätzlich als Beweismaterial, falls es jemandem nicht gefiele, dass ich hier spazierte und die Polizei unter falschen Tatsachen verständigt würde. Wir liefen durch zwei Parks und auch mitten durch die

Stadt. Es war erstaunlich: Jeder, wirklich jeder, der uns entgegenkam, wechselte die Straßenseite oder beleidigte uns sogar, dass es eine Katastrophe sei, mit solchen Kampfhunden in der Stadt zu laufen.

Nicht ein einziger freute sich, uns zu sehen.

Einige gingen sogar in Hauseingänge, um ja nicht an uns vorbeizumüssen. Und tatsächlich kam es irgendwann, wie es kommen musste, das Ordnungsamt war plötzlich hier, um uns zu überprüfen. Sie sagten, dass Passanten sich beschwert hätten, dass hier jemand mit drei Rottweilern die Stadt in Angst und Schrecken versetzte. Ich zeigte den Herren auf Verlangen meine Hundemarken, dass sie sehen konnten, dass meine Hunde auch registriert waren und auch die Filmaufnahmen, die mein Kumpel Ralf auch für genau solch eine Situation gemacht hatte.

Das Ganze hatte ungefähr 20 Minuten gedauert, bis ich unseren Spaziergang fortsetzen konnte. In einem Café in der Fußgängerzone setzten wir uns im Außenbereich hin und ich wollte für 10 Minuten eine Pause machen und einen Kaffee bestellen.

Die Bedienung kam heraus und forderte uns sofort auf, doch bitte zu gehen, da wir ihren Gästen Angst machten und sie verunsicherten, das sei ja schließlich geschäftsschädigend. Wohlgemerkt, wir saßen im Außenbereich, ganz am Ende der aufgestellten Tische. Jeder konnte an uns vorbeilaufen und es musste sich ja niemand zu uns setzen. Aber nix da, wir mussten gehen. Ok, wir machten uns auf den Rückweg zum Fahrzeug. Da angekommen, besprachen Ralf und ich das ganze Erlebnis und auch er konnte das nicht fassen.

Seine Aussage: *„Wenn ich es nicht selbst erlebt hätte, würde ich dir das nicht glauben“,* konnte ich ihm nicht übelnehmen. Aber dafür war der erste Teil ja auch auf Bild festgehalten.

Nach einer kurzen Pause ging unser Experiment weiter. Ich hatte mir extra für diesen Test Bastelmaterial besorgt und daraus Engelsflügel gebaut, diese befestigte ich an der Oberseite des Hundegeschirrs.
Es waren ca. 30 cm große und schneeweiße Engelsflügel. Ich wechselte noch schnell die Kleidung, schwarz aus und helles olivgrün an.
Dann machte ich mich wieder mit Kara, Arny und Cash auf den Weg. Wir gingen exakt die gleiche Strecke wie zuvor. Durch die gleichen Parks und die gleichen Straßen. Sogar einige der Menschen, die uns zuvor aus dem Weg gingen, lächelten und fanden unser Auftreten super toll. Zwei Polizisten die Streife liefen kamen zufällig vorbei und zeigten durch den „Daumen hoch“, dass sie das gut fanden. Wir gingen auch in der Fußgängerzone in das gleiche Café und setzten uns an den gleichen Tisch wie zuvor. Eine freundliche Bedienung kam heraus und fragte sofort, ob sie Wasser für die Hunde bringen sollte. Ralf und ich waren richtig erschrocken über dieses zwischenzeitliche Ergebnis.
Damit hatte ich nicht gerechnet. So krass.
Wir bestellten je einen Kaffee und ein Stück Kuchen und fragten nach der Geschäftsführung. Der Chef kam heraus und fragte, ob etwas nicht in Ordnung sei. Ich erzählte ihm, was ich vor ca. einer Stunde erlebt hatte, und er konnte es selbst nicht glauben. Da zeigte ihm Ralf das Video. Nun war er geschockt und entschuldigte sich, dass so etwas nicht sein sollte. Wir tranken unseren Kaffee aus und machten uns wieder auf den Weg zurück zum Auto. Bei dem ganzen Spaziergang wurden wir nicht ein einziges Mal blöd angemacht, gerade vorher das absolute Gegenteil. Das war schon extrem krass. Keiner meiner Hunde hatte sich an diesem Tag in irgendeiner Weise falsch verhalten.
Mein Fazit dieses „Tests“:

Wir Menschen sind voller Vorurteile und innerlich total kaputt. Uns fehlt es an Empathie und gesundem Menschenverstand.

Eine Kundin von mir fragte mal, ob ich ihren Hund Gassi führen könnte, wenn sie einmal mit der ganzen Familie in Urlaub führe. Normalerweise mache ich das aus Zeitgründen nicht, aber in diesem Fall hatte ich ihr den Hund einmal vermittelt.
Bruno, einen Rottweiler Rüden, hatte ich aus dem Tierschutz übernommen und resozialisiert, danach an meine Kundin vermittelt. Da sie im Nachbarort wohnten und unsere Hunde sich ja verstanden, sagte ich zu. Morgens Gassi gehen und füttern, mittags einen großen Spaziergang mit Bruno und meinen zusammen. Das war der Deal. Es war ein paar Tage alles in Ordnung, bis ich an jenem Tag wieder zur Mittagszeit mit 4 von meinen Hunden bei Bruno war, als da ganz leise ein Glöckchen im Hintergrund klingelte. Ich drehte mich um und sah plötzlich, dass da eine Katze auftauchte. Eyko und Tina hatten kein Problem damit, aber Kara und Baba, die beiden waren sofort unter Strom. Ich packte beide am Hals, da sie kein Halsband anhatten. Wir waren ja im Garten meiner Kundin, dass sie eine Katze hatte, wusste ich nicht.
Die Kleine ging schnurstracks auf uns zu. Bruno lag nur da und wusste nicht, was zu tun war, er kannte die Katze ja. Ich dachte nur, Herr Gott, lass jetzt diese Katze verschwinden. Das wäre der Worstcase, wenn in Abwesenheit der Familie meine Hunde Hackfleisch aus der Kleinen machen würden. Ich schrie die verdammte Katze an und kämpfte gleichzeitig mit Baba und Kara. Nach einer gefühlten Ewigkeit sprang sie dann endlich davon, keine Sekunde zu spät, denn ich konnte meine beiden nicht mehr halten. Ich hatte so fest zugepackt, dass ich meine

Finger nicht mehr gerade machen konnte. Das dauerte eine ganze Weile.
Kara und Baba rannten im Garten umher, um natürlich die Katze zu suchen.
Ich war fix und fertig nach dieser Aktion. Am Nachmittag rief ich die Familie im Urlaub an und teilte ihnen mit, dass ich Bruno zu mir nehmen würde, weil es doch aus Zeitgründen zu viel für mich sei. Ab dann war der Rest ihres Urlaubs für uns ein Kinderspiel. Denn Katzen gibt es bei uns nicht.

Jedes Jahr im Januar fahren wir an einem Wochentag in den Schwarzwald, um im Schnee einen halben Tag lang Zeit zusammen zu verbringen.
Wir haben vor Jahren, durch einen großen Zufall, einen schönen Flecken gefunden, an dem so gut wie nichts los ist. Wir gehen da spazieren und an einem schönen Plätzchen setzen wir uns auf eine Bank, die unter einem alten Bushäuschen steht und schauen einfach in die Landschaft. Hier ist es auf 8 qm trocken und die Hunde müssen nicht im Schnee liegen.

An diesem Tag trafen wir bei unserem Spaziergang auf eine junge Familie, ich hatte 4 Hunde dabei. Die Eltern waren mit dem Schlitten und zwei Kindern unterwegs. Als der Mann uns erblickte und in unsere Richtung zeigte, dachte ich schon, dass es wieder Probleme geben könnte. Bestimmt waren ihm meine Hunde zu gefährlich.
Doch dieses Mal nicht.
Als wir näherkamen, fragte der Mann, ob er die Hunde einmal streicheln könnte. Erst dachte ich, dass ich mich verhört hatte, denn das kam so gut wie nie vor.

Ich erlaubte es und die ganze Familie kniete sich in den Schnee und streichelte unsere Hunde. Baba, Eyko, Tina und Kara. Der Mann erklärte seinen Kindern mit viel Wissen und sehr vernünftig, um welche Hunde es sich hier handelte. Es war für mich so schön, dass ich am liebsten losgeheult hätte.
Nur weil uns sonst fast jeder pure Abwertung entgegenbrachte. Das ist übrigens bis heute noch so.
Er erzählte mir, dass seine Eltern in seiner Jugend auch Rottweiler hatten, diese waren immer vom Zoll ausgemustert, doch er selbst arbeitete viel und das wolle er einem Hund nicht antun.
Die Frau fragte mich vieles über die Hunde. Auf meine Aussagen, dass alle aus dem Tierschutz kamen, wollten sie alles wissen. Ich sprach ganz offen über jeden unserer Hunde, bis Kara an der Reihe war.
Ich wusste nicht, ob ich die Wahrheit sagen sollte wegen der Kinder, aber sie fragten hartnäckig nach.
Ich erzählte ihnen dann Karas Geschichte.

Das nahm die beiden sehr mit und eines der Kinder umarmte Kara bei meinen Erzählungen.
Das war sehr schön.
Dann machte ich einen Vorschlag für die Kinder.
Meine Hunde könnten doch die Kinder auf den Schlitten ziehen.
Dieses Angebot stieß bei der ganzen Familie auf Zustimmung.
Also befestigte ich meine Leinen an den Schlitten und Baba und Eyko konnten je einen Schlitten mit den Kindern darauf ziehen.
Das war ein Heidenspaß, die Kinder hatten eine Wahnsinnsfreude und meine Hunde waren dabei auch sinnvoll beschäftigt und ausgelastet. Wir setzten auch Tina auf einen Schlitten zu einem der Kinder, mit Kara ging das nicht. Das war ihr dann doch zu viel.

Baba und Eyko zogen, als ob sie nie etwas anderes gemacht hätten.
Wir gingen mit der Familie noch ein ganzes Stück zusammen und die Kinder hatten ihren Spaß dabei.
Dann mussten wir uns leider wieder trennen, weil jeder einen anderen Heimweg hatte.
Auch solche Erlebnisse gab es, wenn auch leider sehr selten.

Bei uns auf dem Rottihof ist es ein Ziel, dass alle Hunde nebeneinander an der Futterbar ihre Nahrung zu sich nehmen. Diese Futterbar wurde nach meinen Vorgaben von einem Schreiner gebaut. Bis zu 7 Hunde haben daran Platz und die Schüsseln sind nur 25 Zentimeter voneinander entfernt.
Wie jeder Hund, der hier einzieht, so sollte auch Kara daran gewöhnt werden.
Bei den meisten Hunden geht das relativ schnell, doch bei ihr wollte ich so wenig Risiko wie möglich eingehen. Das ist nicht immer leicht und auch bei Kara war es schwierig. Aber wir trainierten das.
Wochenlang bekam Kara ihr Futter im Garten. Arny und Cash erhielten ihres in sicherem Abstand, den ich jeden Tag um ein paar Zentimeter verringerte.
Nach einigen Wochen nahmen sie ihre Nahrung nebeneinander zu sich. Nun musste alles ins Haus und dann an die Futterbar verlegt werden.
Erst fing ich wie im Garten an. Mit Abstand, den ich schnell verkleinerte. Dann war es an der Zeit. Ich holte die Jungs an den Tisch und als sie aßen, brachte ich Kara dazu. Da alles super funktionierte, wurde die nächste Mahlzeit zusammen eingenommen. Auch das klappte so gut, dass es das Essen nun immer am Tisch gab. Kara machte nie Theater, indem sie Futterneid an den Tag legte. Auch bei den anderen Hunden, die nach und nach dazukamen, funktionierte es immer. Das ist für uns ein wichtiger Faktor, da wir hier viel Zeit beim Füttern sparen und die Hunde sich auch an Regeln im Rudel halten müssen.

Wir hatten hier bei uns einen Menschen – tja, wie drücke ich das am besten aus?

Das geeignetste Wort dafür darf ich wahrscheinlich aus rechtlichen Gründen nicht schreiben, doch ich darf es umschreiben. Kennt ihr den Ausdruck, der die Stelle (das Loch) inmitten des Hinterns beschreibt? Genau, dieser Mensch war so ein ...
Seine Leidenschaft war es, jeden Anwohner, wirklich jeden, mit Anschreiben von seinem Anwalt zu belästigen. Egal um was es gerade ging. Einer wurde aufgefordert, seine Halle zu versetzen, diese würde laut Grenzstein nicht den Mindestabstand zu seinem Gelände aufweisen. Nach Suchen des Grenzsteins und einer Vermessung, die viel Ärger und Geld kostete, war alles wie im Bebauungsplan ausgewiesen und erlaubt.
Einem wurde mit der Mafia gedroht, wenn er nicht aufhörte, vor seinem Grundstück zu parken. (Nicht im Parkverbot).
Wenn ich durch unsere Straße lief und die Hunde dabeihatte, gab er extra Gas und fuhr ganz knapp an uns vorbei. Seine Frau hatte einen kleinen Hund, der demonstrativ aus dem Beifahrerfenster gehalten wurde, um mit seinem Gekläffe meine Hunde zu reizen. Wir mussten immer mal wieder an diesem - ihr wisst ja nun wie man ihn nennt - vorbeigehen.
Einmal kläffte sein Hund auf seinem Grundstück, als ich mit Kara vorbeilief. Kara reagierte überhaupt nicht und wir gingen weiter. Ein paar Tage später war schon wieder ein Schreiben im Briekasten. Ein Anwalt wollte uns untersagen, dort entlangzulaufen, weil sein Mandant und dessen Hund sich bedroht fühlten. Nie, wirklich nie, hatte er mit irgendetwas Erfolg, nur wir Anwohner hatten Ärger wegen ihm.
Er selbst nahm sich alles, was er wollte, heraus. Mit seinem Zweirad fuhr er ohne Helm, meinem Nachbarn, der dies auch

einmal machte, wurde von besagter Stelle gleich ein Schreiben zugestellt.
Es kam so weit, dass ich mir eine Kamera besorgte, so eine Bodycam. Diese schaltete ich immer ein, wenn ich mit meinen Hunden rausging, um auch meine Hunde damit zu schützen und aufzuzeigen, dass hier nichts Unrechtes oder sogar eine Gefahr von uns ausging. Dutzende Videos machte ich, in denen man dem Herrn sein Fehlverhalten vorwerfen konnte. Bei Vorlage des Beweismaterials auf den zuständigen Ämtern wurde aber nichts dagegen unternommen.
Immer die gleiche Aussage: Ich müsste das zur Anzeige bringen und das kostete viel Geld, das ich vorstrecken müsste.
Ich versuchte weitere Anwohner zu gewinnen, um gegen dieses ... - ihr wisst schon - vorzugehen, aber jedes Mal die gleiche Antwort. Es wäre den Aufwand nicht wert.
Also mussten wir uns das gefallen lassen. Denn alles andere wäre ja gegen das Gesetz.
Mittlerweile, nach vielen Jahren der Unterdrückung, ist er endlich weggezogen und auf einmal ist eine gewisse Zufriedenheit bei allen Beteiligten zu spüren. Keine Schreiben mehr von Anwälten, keine kläffenden Hunde mehr, die aus dem Auto gehalten werden, nichts mehr diesbezüglich.

Wie viele andere Hundebesitzer auch, möchten auch wir unseren Hunden im Sommer an sehr heißen Tagen etwas Abkühlung am Wasser bieten. Dazu suchten wir immer wieder mit den Hunden verschiedene Gewässer auf. Doch freudig empfangen wurden wir nirgends. Wir mussten viel Gegenwind erfahren, bis wir eine geeignete Stelle fanden.

Immer, wenn wir irgendwo auftauchten, wurden wir blöd angemacht, weil wir Rottweiler hatten, oder so viele Hunde, oder diese zu groß waren, oder es an dieser Stelle nicht erlaubt war, ...irgendwas war immer, das zeigt auch mein Ordner mit den ganzen Beschwerden, den ich zuhause habe. Man kann sich das kaum vorstellen, wenn man nicht selbst viele große Hunde oder die entsprechende Rasse hat. Mit kleinen Hunden wäre dies selten ein Problem, da zeigt sich wieder der Rassismus, der unter uns Menschen herrscht.

Irgendwann hatte ich mal eine Kundin, deren Freund ein Baggergeschäft hatte.
Dieser kannte gefühlt jeden aus der Branche und stellte mir den Besitzer eines Baggersees vor. Dieser hatte selbst einen Rottweiler und war offen für ein Gespräch mit uns.
Ich machte diesen Herrn mit meinen Hunden bekannt und erzählte ihm von meinem Problem. Wir wollten doch nur im Sommer ein bisschen ins Wasser und niemanden stören.
Auch machen wir immer die Hinterlassenschaften unserer Hunde weg und entsorgen diese zuhause. Das hatte ihn überzeugt und wir durften mit Genehmigung an seinen See. Kara ging nur selten ins Wasser, am liebsten buddelte sie Löcher und versteckte darin Holz, das sie irgendwo fand. Dann legte sie sich immer so hin, dass sie alles im Blick hatte und schaute zu, wie ich den Rest der Bande im Wasser bespaßte.
Sie hatte immer alles im Blick. Auch wenn einer unserer Hunde etwas zu weit rausgeschwommen war, bellte sie so lange, bis er oder sie umdrehte. Dann legte sie sich entweder wieder auf ihren Beobachtungsposten oder schimpfte noch mit demjenigen, wenn er rauskam. Meistens waren das Eyko und Tina, die Wasserratten.

Als Baba hier auf dem Rottihof ankam, verstanden er und Kara sich von Anfang an sehr gut, nur wollte Baba alles etwas langsamer haben. Rumrennen oder Hektik waren ihm zuwider. Kara jedoch wollte immer toben, nicht viel und auch nicht sehr lange, aber eben jeden Tag. Einmal packte sie wieder ihren Turbo aus und rannte an Baba vorbei, immer schneller und immer näher, um ihn zu provozieren, mit ihr zu rennen.
Aber Baba war so nicht. Als Kara zu nahe an ihm war, sprang er einen Schritt vor und biss ihr in die Seite, um sie festzuhalten. Doch Kara war so schnell, dass ihr das Fell aufriss.
Eine große Wunde klaffte an Karas Körper. Etwa ein 8 x 8 cm großes Dreieck riss Baba ihr in die Seite. Das Fell hing herunter und Kara wollte einfach weiterspielen. Schmerz stand bei ihr nicht auf dem Programm. Es sah schlimm aus und wir gingen schnell nach Hause und fuhren sofort zu unserer Tierärztin. Sie nahm uns auch gleich dran. Ich sollte Kara auf den Tisch stellen und weil wir ja bekannt waren und wussten, dass Kara so gut wie kein Schmerzempfinden hatte, wurde das Fell rasiert und zusammen getackert.
Ohne Narkose.
Kara zuckte nicht und wedelte sogar dabei. Unsere Ärztin war immer wieder erstaunt über Kara. Ihre Entwicklung und ihr unbändiger Wille.
Scherzhaft sagte sie immer, dass Kara auch ohne Narkose am offenen Herzen operiert werden könnte.
Nachdem Kara wieder geflickt war, kam ein Sprühverband drauf und sie musste die nächsten Tage mit Leine laufen, damit die Wunde nicht aufriss und gut verheilen konnte. Ich sagte eine Woche lang alle Termine ab, um bei ihr zu sein. Auch nachts schlief ich bei Kara.

Nach ca. einer Woche durfte sie wieder Stück für Stück mehr und nach einer weiteren Woche kamen die Klammern wieder raus, natürlich wieder ohne Narkose, ist ja selbstredend.

Bei uns im Industriegebiet hatten wir vor einigen Jahren eine kleine Gaststätte, hauptsächlich für die ganzen Arbeiter, aus der Gegend. Außerdem gab es hier auch einen Schäferhund, den Kara überhaupt nicht mochte. Das war auch der einzige Punkt, den ich nicht wegbekommen habe. Dieser Hund lief immer ohne Leine, weil die Halter es natürlich nicht für nötig hielten, aber er rannte immer zu uns und nervte Kara und die anderen Hunde. Ich befürchtete, dass irgendwann etwas passieren würde, aber auch bei einem Gespräch mit den Haltern änderte sich nichts.
Also zurück zu eingangs erwähnter Gaststätte.
Auch ich ging ein Mal pro Woche dahin, um etwas zu Essen. Fast immer nahm ich einen Hund mit, dieses Mal war es Kara. Ich betrat die Gaststätte und suchte mir einen Tisch, Kara legte sich neben mich und alles war gut. Ich bestellte und nach kurzer Zeit kam auch schon mein Getränk. Etwas später auch mein Essen. Ich bestellte immer das gleiche: Spaghetti mit viel Käse und einen grünen Salat.
Warum was Neues ausprobieren, wenn es einem schmeckt?
Ich fing an zu Essen und dabei kamen und gingen auch weitere Gäste. Ich saß mit dem Rücken zur Eingangstür und so bekam ich nicht mit, dass Karas „Feind“ mit seinen Haltern auch die Gaststätte betrat. Plötzlich hörte ich hinter mir wildes Gebelle und Schreie von Personen.
Kara sah den Schäferhund und schoss nach hinten zu ihm. Ihre Leine legte ich immer um den Stuhl und so zog sie mich, mit dem Besteck in der Hand, auf dem Stuhl sitzend, durch die Gaststätte. So schnell konnte ich gar nicht reagieren. Die beiden zogen ihren Hund sofort nach draußen und schlossen die Tür. An jener Tür kam ich dann auch endlich wieder zum Stehen. Einige Gläser und Teller gingen bei der wilden Fahrt zu Bruch und einige Gäste waren geschockt.

Was sollte ich tun?
Passiert war passiert.
Ich nahm Kara und meinen Stuhl, entschuldigte mich bei allen Gästen und natürlich auch beim Wirt. Ich ging zu meinem Tisch zurück und setzte mich wieder, dieses Mal (und in Zukunft) aber mit Blick zur Tür.
Selbstverständlich kam ich auch für den Schaden auf. Die Halter mit Schäferhund kamen nicht mehr herein. Es war mir sehr peinlich, dass sowas ausgerechnet mir passierte, aber was soll´s. So hatten alle über Monate was zu erzählen.

Bevor ich meinen jetzigen Hundeplatz hatte, war ich auf einem Gelände mit Freifläche eingemietet mit ca. 3000 qm Größe. Das war zwar groß, aber im Vergleich zum jetzigen Gelände mit 7500 qm hatte ich nicht so viele Möglichkeiten zu arbeiten. Jedenfalls war ich an einem schönen Tag mit 5 meiner Hunde auf dem alten Platz.
Außenherum verlief direkt am Gelände vorbei eine Straße durch das Industriegebiet.
Baba, Tina, Eyko und Lemmy hatte ich etwas abseits ins Platz gelegt und mit Kara machte ich verschiedene Übungen.
Während ich Übungen mit Körpersprache wie z.B. Platz, Abrufen, Fuß usw. machte, kam eine Spaziergängerin mit ihrem Schäferhund vorbeigelaufen. Diese Frau kannte ich. Sie wohnte im Ort und war sehr arrogant, hochnäsig, besserwisserisch und einfach nicht fähig, ihren Hund zu erziehen.
Sie rief mir zu, was ich denn für einen Quatsch machte, das müsste alles anders gemacht werden. Ihr Schäferhund gab daraufhin Vollgas und bellte, was er konnte. Sie hatte sehr große Mühe, ihn zu halten und zur Ruhe zu bringen. Meine Hunde schauten und blieben liegen, Kara blieb neben mir sitzen.

Anstatt weiterzugehen, rief die Frau mir immer mehr Argumente entgegen, warum mein Training nichts brächte. Mir wurde das irgendwann zu blöd und ich rief meine Hunde zu mir und ging mit allen zum Zaun. Das hatte diese Tante nicht erwartet.

Ihr Hund ging sprichwörtlich ab wie die Feuerwehr und sie fiel der ganzen Länge nach auf die Straße. Als sie sich aufrappelte, fragte ich sie, wer hier wohl mehr seine Hunde im Griff hatte, sie oder ich?

Darauf wusste sie dann keine Antwort mehr und ging, besser gesagt rannte, mit ihrem Hund weg. Wir konnten dann unser Training in Ruhe weitermachen. Warum muss sowas immer passieren, kann heutzutage keiner mehr vor seiner eigenen Haustüre kehren?

Als Kara älter wurde und wie viele Hunde nicht mehr so weit laufen konnte, mussten wir uns was einfallen lassen. Denn ich habe nicht die Zeit, um mit jüngeren Hunden drei Mal pro Tag einen großen Spaziergang zu machen und mit den älteren drei Mal eine kleine Runde.

Daher kaufte ich einen Fahrrad-Anhänger, der auch zum Spazieren gehen genutzt werden konnte.

Da wir nicht die kleinsten Hunde haben, musste es natürlich der größte auf dem Markt sein. Und auch wichtig war, dass er gefedert war. Da das größte immer aus Amerika kommt, besorgte ich mir diesen Anhänger auch aus dem Land der unbegrenzten Möglichkeiten. Mit Kara trainierte ich eine Woche lang die Akzeptanz ihres neuen Gefährts und dann konnte ich alle mitnehmen. Wenn sie nicht mehr konnte, durfte sie im Wagen weiterfahren.

Das hat sie immer sehr genossen. Im Wagen zu liegen und rauszuschauen, während ich mich abmühte, dieses Teil zu schieben. Ich meinte, des Öfteren gesehen zu haben, dass sie dabei lächelte.
In unserer Gemeinde wurden viele darauf aufmerksam, wenn wir unterwegs waren, und viele sprachen uns an, Bilder machen zu wollen.
Dies ließen wir gerne zu.
Es ist schon komisch.
Ohne diesen Wagen gingen uns alle aus dem Weg und mit dem Teil kamen plötzlich alle zu uns.
Egal, wir sparten Zeit und das Rudel war zusammen, das war alles, was zählte. Ich hatte extra Licht angebracht, weil wir manchmal sehr früh unterwegs waren und wenn es noch nicht ganz hell ist oder nebelig war, war dies sicherer.
Einmal war es so nebelig, dass man kaum die Hand vor Augen sehen konnte. Wir liefen vom Feld aus in den Ort, als plötzlich jemand vor uns zu schreien begann. Wir alle erschraken, aber sahen niemanden. Ich rief laut, wer da sei und ob jemand Hilfe bräuchte. Da fragte die Stimme:
„Dieter, bist du das?"
Ich sagte *„Ja"*, aber konnte mir noch keinen Reim darauf machen. Die Stimme kam näher und als ich sie sah, erkannte ich Petra. Sie wohnte auch im Ort und wir begegneten uns fast jede Woche einmal mit unseren Hunden. Sie sagte, dass sie durch den Nebel nur Geräusche gehört hatte und die Lichter dazu hatten sie erschreckt.
Wir mussten herzlich darüber lachen und in den nächsten Wochen riefen wir uns immer scherzhaft zu, dass wir es sind.
So einen Wagen kann ich wärmstens empfehlen.

Vor Jahren, in der Nacht vom ersten auf den zweiten Weihnachtsfeiertag, wachte ich mitten in der Nacht durch lautes Geschrei auf. Es war 02:30 Uhr.

Ich zog mir schnell etwas an, schnappte meinen Baseballschläger und rannte mit den Hunden raus. An unserem Hoftor hing ein Einbrecher auf der Innenseite und Baba hatte sich in seinem Bein festgebissen. Er schrie und wollte, dass ich die Hunde wegnehme. Aber ich dachte ja gar nicht daran. Baba blieb am Bein hängen und ich setzte alle anderen Hunde im Abstand von ca. 3 Metern um den Kasper drum rum.

Dann ging ich ins Haus, um das Telefon zu holen. Als ich rauskam, war alles noch so wie zuvor, nur dass der Kerl noch mehr die Hosen voll hatte.

Ich rief die Polizei und erklärte am Telefon, dass einer meiner Hunde noch am Bein des Kerls hing. Die Aussage der Polizei, dass ich Baba wegnehmen sollte, musste ich doch entschieden verneinen.

Vielleicht war er bewaffnet, und dann?

Also warten, bis die Sheriffs kamen. Nach einigen Minuten kam die Feuerwehr, ich hatte die zwar nicht gerufen, aber ok.

Ich fragte, was ich tun sollte, und sie meinten, *„erstmal hängen lassen, bis die Polizei kommt.“* Kurze Zeit später kam der Notarzt, auch den hatte ich nicht gerufen. Beide Parteien sagten, dass wir auf die Polizei warten sollten. Selbstschutz ginge nun Mal vor.

Als dann zu guter Letzt auch endlich die Polizei eintraf, merkte man dem Einbrecher die Erleichterung förmlich an. Ich sagte zu Baba, dass er loslassen sollte, und er kam meiner Aufforderung sofort nach. Ich rief ihn zu mir und öffnete das Tor, damit die Obrigkeit hereinkommen konnte.

Nun sollte ich aber meine Hunde wegsperren, sonst würde die Obrigkeit nicht eintreten, doch das war leichter gesagt als getan.
Ja, sie hören sehr gut, aber durch diese ganze Situation war auch ihr Adrenalin so hoch, dass sie merkten, eventuell noch gebraucht zu werden. Also waren alle Parteien damit einverstanden, dass ich die Hunde ein paar Meter zurück nahm, damit sich die Helfer hereintrauten. Kara und Baba jedoch blieben vorne, man sah ihnen deutlich an, dass der Kerl eine Gefahr darstellte und sie das begriffen hatten. Ich musste schon sehr bestimmt auftreten, damit Kara und Baba zu mir kamen, aber sie ließen den Kerl nicht aus den Augen.
Die Feuerwehr wurde nicht mehr gebraucht und konnte zwischenzeitlich wieder den Rückzug antreten, doch aus Interesse blieben die Jungs noch eine Weile. Die Polizei hatte den Einbrecher inzwischen vom Tor genommen und Handschellen angelegt. Nun konnte der Notarzt nach dem Bein des Eindringlings schauen. Erst nachdem der Kasper im Rettungswagen verstaut wurde, änderte sich speziell Karas Verhalten wieder, ihre Anspannung ließ nun deutlich nach. Nach dem Verarzten dieses Vollpfostens mussten wir noch unsere Aussage bei der Polizei aufgeben und noch dem ein oder anderen einen Wunsch erfüllen.
Sie wollten ein Bild von den Hunden machen, am liebsten mit den Helfern dabei. Natürlich durften sie das und wir konnten danach wieder schlafen gehen.

Beim Spazierengehen genieße ich immer die Ruhe und freue mich, wenn ich niemandem begegne. Diese Zeit gemeinsam mit meinen Hunden genieße ich sehr, und dabei lerne ich auch

immer sehr viel von meinen Hunden. Man muss nur offen sein und hinschauen.
Irgendwann ist Kara beim Spazierengehen mal in ein Feld gerannt, wo man Karotten angepflanzt hatte. Diese waren abgeerntet und Reste von Karotten lagen noch auf dem Acker. Sie buddelte eine Karotte aus und brachte diese zu mir auf den Weg. Ich sah, dass sehr viel Erde daran hing, nahm mein Messer raus und kratzte diese von der Karotte ab. Dann zerteilte ich sie und gab Kara ein Stück davon. Mit dem anderen Stück tat ich so, als ob ich es essen würde und gab ihr dann den Rest davon. Man sah, dass sie nachdachte und rannte auf den Acker, um die nächste Karotte zu holen.
Dieses Prozedere machten wir ein paar Mal, bevor wir dann unseren Spaziergang fortsetzten. Ein paar Tage später, an einer anderen Stelle, brachte sie mir wieder eine Karotte und wir machten das gleiche Spiel wie zuvor. Mit der Zeit kamen noch Zuckerrüben dazu, auch dabei machte sie das gleiche.
Immer erst nach der Ernte und nie vorher.
Immer rannte sie erst auf den abgeernteten Acker, um Nahrung zu suchen und brachte diese dann zu mir, um zusammen die Beute zu teilen.
Somit wurde ein Ritual geboren, das wir bis zum Schluss beibehielten.

Bei uns hier im Industriegebiet wurde jedes Jahr in irgendeiner Firma eingebrochen. Mal wurde geklaut, mal randaliert und zwei Mal sogar ein LKW angezündet. Da ich sowieso kaum Schlaf brauche und auch nicht schlafen kann, dachte ich mir, dass es vielleicht was bringt, wenn ich zu den unterschiedlichsten Zeiten „Streife“ mit den Hunden laufe. Also

machte ich jede Nacht unterschiedlich viele Runden im Industriegebiet und schaute nach dem Rechten.
Kara immer dabei.
Nach und nach hatte es sich herumgesprochen und die erste Firma kam auf uns zu und bat um einen Termin vor Ort. Ich ging mit 3 meiner Hunde dahin und man erzählte uns, dass den Chefs zu Ohren gekommen sei, was wir hier Nacht für Nacht taten. Sie wollten wissen, warum und wie sie uns unterstützen könnten.
Ich wusste erst gar nicht, was ich darauf antworten sollte und erzählte, dass ich ja sowieso nicht schlafen könne. Daraufhin fragten sie uns, ob wir das etwas intensiver machen könnten. Ich würde einen Schlüssel vom Eingangstor bekommen, um jede Nacht einen Rundgang auf dem Firmengelände zu machen und nicht nur von außen nach dem Rechten zu schauen.
Ich bekam eine Kleinigkeit an Zuwendung, was natürlich meinen Hunden zugutekam. Nach kurzer Zeit meldete sich die zweite Firma mit dem gleichen Wunsch, später kam auch noch eine weitere dazu.
Also hatten wir nun nachts eine Aufgabe mehr. In einer Nacht sahen wir an den Fenstern einer Firma, wie drinnen Taschenlampen aufblitzten. Sofort riefen wir die Polizei und gingen schon mal ins Gebäude, den Schlüssel von dieser Firma hatten wir ja.
In einem Büro machten sich zwei Typen gerade an den Schränken zu schaffen. Wir stürmten hinein und Kara, Baba und Eyko stellten sich bedrohlich vor die Einbrecher hin, bis die Polizei eintraf und sie festnehmen konnte.
In einer anderen Nacht konnten wir beobachten, dass sich jemand an den LKWs einer Firma zu schaffen machte und diese in Brand setzten wollte. Auch hier konnte ich mit Hilfe von Kara

und den Jungs den Täter zur Strecke bringen und von der herbeigerufenen Polizei in Gewahrsam nehmen lassen.
Lange Zeit war es dann hier nachts ruhig und nichts Kriminelles mehr zu sehen. Dennoch gingen wir jede Nacht und bei jedem Wetter einige Runden, um nach dem Rechten zu sehen. In einer Firma, in der im Schichtbetrieb gearbeitet wurde, waren wir immer sehr gerne gesehen und die Arbeiter warteten schon auf meine Hunde, um sie zu streicheln und ihnen Leckerlis zu geben.
Dann wurde ein Grundstück verkauft und ein neuer Eigentümer kam hierher. Ihm gefiel es nicht, dass wir nachts mit bis zu 6 Rottweilern patrouillierten. Er setzte alles daran, dass wir letztendlich aufgeben mussten, weil uns dazu eine offizielle Sachkundeprüfung fehlte, um das gesetzlich machen zu dürfen. Eine Strafe bei Missachtung wurde uns auch noch angedroht.
Also beendete ich unsere nächtliche Arbeit und teilte dies den Firmen auch mit. Sie konnten es nicht glauben, warum sich dieser Mensch da einmischen musste, aber letztendlich hatte ich keine andere Wahl.
Mittlerweile haben sich wieder ein paar Einbrüche ereignet, aber jeder kann sich nun seine eigene Meinung dazu bilden.
Wir wollten nur helfen und sonst nichts.

Ich hatte mich mal mit zwei sehr lieben Freundinnen verabredet, um mit unseren Hunden gemeinsam spazieren zu gehen.
Kara war schon alt und gebrechlich, sodass wir schon im Vorfeld unseres Spaziergangs besprachen, dass ich nur eine kleine Runde mitginge und wenn es zu viel für Kara würde, drehe ich einfach um. Also trafen wir uns an einem schönen Platz, parkten unsere Fahrzeuge und ließen die Hunde los. Zwei Bobtails, zwei Berner Sennenhunde und 6 Rottweiler von mir.
Wir gingen ganz gemütlich, weil wir uns immer am schwächsten Glied orientieren. Während unseres Spaziergangs erzählten wir uns einige Geschichten, bis mir auffiel, das Kara langsamer wurde.
Das war das Zeichen zur Umkehr. Wir verabschiedeten uns und machten kehrt, die beiden Mädels setzten ihren Spaziergang zusammen mit ihren 4 Hunden fort. Als wir die kleine Anhöhe runter zu den Autos gingen, vielen mir zwei Gestalten an einem der Autos auf. Ich war noch weit weg und schrie, was da los sei. Dann sah ich, dass eine der Türen offen war. Ich rannte in deren Richtung und plötzlich war Kara neben mir, schaute mich kurz an und gab Gas.
Sie rannte, wie ich es seit Monaten nicht mehr gesehen hatte, zu den Autos. Die beiden Verbrecher sahen, dass hier 6 Rottweiler auf sie zu rannten und machten sich schnell aus dem Staub.
Als ich endlich auch da war, sah ich den Schaden an einem der Fahrzeuge. Sofort rief ich die Polizei und gab unseren Standort durch. Danach telefonierte ich mit meinen Freundinnen und erklärte ihnen die Sachlage. Sie sagten, dass sie sofort umdrehen und zurückkommen würden. Als die Polizei eintraf,

wurde meine Aussage aufgenommen und ich gab eine Personenbeschreibung der Täter ab.
Zwei der Polizisten fuhren mit ihrem Einsatzfahrzeug die Felder ab und fanden in einiger Entfernung auch tatsächlich zwei Personen, auf die meine Beschreibung passte. Diese machten sich gerade an einem anderen Fahrzeug zu schaffen, wurden dabei auf frischer Tat ertappt und verhaftet.
Wenn sie es nicht mit eigenen Augen gesehen hätten, würden die Sheriffs es mir nicht glauben, dass ich wirklich mit 6 Rottweilern unterwegs war. Mittlerweile kamen auch die beiden Mädels und sahen sich den Schaden an, dann gaben sie bei der Polizei alles zu Protokoll.
Auch in so einer Situation konnte ich mich immer auf meine Prinzessin verlassen.

In der Vergangenheit, als unsere Schützlinge noch jünger und auch fitter waren, nahm ich sie öfter in unsere Spielstunde mit. Die Spielstunde ist ein Angebot, das ich auf meinem Hundeplatz offeriere. Hier dürfen Hunde in vier verschiedenen Gruppen rennen und Freundschaften schließen, ohne Leine, in sicherer Umgebung.
Nur sozial müssen sie sein.

Meine kamen dann natürlich in der Gruppe mit großen Hunden zum Einsatz. Es kam immer wieder vor, dass ein Hund etwas unsozial reagierte, dies musste nicht gleich aggressiv sein, vielleicht war es auch nur die Angst, bedrängt zu werden.
Und bei uns wird IMMER der Schwächste beschützt. Dafür ist der Halter und natürlich ich verantwortlich.
Den Satz:
„Das machen sie unter sich aus."
gibt es hier nicht.
Wir wollen, dass die Hunde auf uns hören, also nehmen wir auch die Verantwortung in unsere Hand. Wenn die Großen an der Reihe waren, brachte meine Frau unsere Mannschaft mit dem Bus vorbei, weil ich vorher meistens Training hatte und sie nicht so lange nur auf ihrem Platz rumliegen lassen wollte.
Wenn dann ab und zu mal einer in der großen Gruppe meinte, einen anderen Hund unsozial zu behandeln, ging Kara immer dahin und zeigte diesem Kandidaten mit ihrer Körpersprache, dass es hier Spielregeln gäbe, die auch für ihn Gültigkeit haben.
Meine Kunden sagten schon scherzhaft, dass mein Sheriff wieder dabei wäre.

Wir haben ja auch einen Futtershop, in dem wir hauptsächlich Barf anbieten. 900 Kilo !!!! sind ständig am Lager, aber auch Trocken- und Nassfutter für alle, die nicht barfen wollen.
Eine Riesenauswahl an Kauartikeln steht auch zur Verfügung, rundum alles, was man für eine gesunde Ernährung braucht. Wir haben ausschließlich Spitzenqualität und achten sehr auf die Auswahl unserer Produkte.

Einmal kam eine Kundin, die vorher noch nie hier war und mir beim Eintreten schon suspekt vorkam. Sie stellte viele Fragen, aber auf meine Gegenfragen, welchen Hund sie habe, stotterte sie nur rum. Das war komisch.
Meine Hunde sind auch immer dabei, aber durch einen Zaun von den Kunden abgetrennt. Dennoch sind sie nicht ausgeschlossen und freuen sich, wenn Kunden sie streicheln oder auch ein Leckerli geben. Darauf warten sie schon.
Zurück zur besagten Kundin:
Ich beantwortete ihr bereitwillig alle Fragen und nach ca. 20 Minuten kaufte sie für 4,50 € eine Kleinigkeit ein. Das macht mir grundsätzlich nichts aus, doch sie hatte nur einen 500 €- Schein. Das fand ich schon sehr frech. Aber man muss ja in der heutigen Zeit freundlich sein und jedem den A... lecken, sonst ist man als Selbständiger ja gleich der Dumme. Sofort werden im Internet Rezessionen geschrieben, dass es nur so kracht, aber bei Hilfe und guter Beratung?
Genau, nichts.
Ich musste kurz in die Wohnung, um die 500 € zu wechseln und ließ die Kundin in guter Hoffnung für wenige Minuten alleine. Als ich wieder rauskam und ihr das Restgeld gab, hatte sie es plötzlich sehr eilig. Sie ging aus der Tür und Kara bellte und knurrte am Zaun wie verrückt.
Ich verstand das nicht, sie war immer eine der Ruhigsten.

Sie wurde immer wilder und plötzlich sprang sie über den Zaun und rannte zu besagter Kundin. Sie stellte sich vor sie und fletschte die Zähne. Die Kundin schrie und ich rannte hin.
Da fiel der Kundin Ware im Wert von über 100 €, die aus meinem Laden stammte, aus der Jacke.
Ich war sauer und stellte sie zur Rede.
Sie schrie und sagte, dass die Ware natürlich nicht von mir wäre, sie hätte das alles vorher in einem anderen Geschäft gekauft und nun wolle sie mich anzeigen, weil sie Todesangst vor meinem Hund bekommen hätte.
Ich packte sie und rief die Polizei.
Bis diese kamen, war hier die Hölle los. Andere Kunden wollten Ware kaufen und diese Person wollte flüchten. Ich holte Baba noch dazu und sagte ihm und Kara, dass sie auf diese Frau aufpassen müssen.
Das funktionierte auch super.
Als die Polizei kam, nahm ich die Hunde wieder weg und als die Polizisten die Frau durchsuchten, kam noch weitere Ware im Wert von ca. 80 € zum Vorschein.
Rausreden konnte sie sich nun nicht mehr. Der Oberhammer war dann noch, dass der 500 € Schein gefälscht war.
Ich bekam mein Geld und die Ware zurück und machte natürlich eine Anzeige.
Diese wurde später auch vor Gericht verhandelt, weil die gute Frau noch mehr auf dem Kerbholz hatte.
Trotz des ganzen Ablaufs bekam auch ich eine Anzeige, weil meine Hunde die Frau stellten und bedrohten und sie nun Todesangst hatte.
Diese Anzeige wurde separat verhandelt und ich musste eine Strafe bezahlen.

Wie Kara das gewusst hatte, ist mir bis heute ein Rätsel, denn die Hunde können nicht in den Futtershop schauen. Sie musste es gespürt haben, anders ist es mir nicht erklärlich.

In meinem hauseigenen Futtershop verkaufe ich nicht nur qualitativ hochwertige Hundenahrung, sondern ernähre meine Hunde natürlich auch damit. Unter anderem ist rohes Fleisch zum Barfen mit 1000 Kilo am Lager. Immer, wenn ich neue Produkte aufnehme, dürfen natürlich als erstes meine Hunde diese „testen", damit ich auch eine glaubwürdige Aussage an meine Kunden weitergeben kann und mich nicht nur auf die Aussagen der Hersteller verlassen muss. Gerade die Akzeptanz, der Geruch und das, was hinten rauskommt, ist dabei eine wichtige Erkenntnis.
Als ich an diesem Tag die neue Ware von einer Barf-Firma bekam, hatte ich eine Idee: Ich setzte Tina und Kara wie Menschen an den Tisch und servierte ihnen das neueste Menü. Was soll ich sagen, die beiden verschlangen es und auch nach Jahren, füttere ich das immer noch. Das ganze wollte ich filmen. Kara war am Anfang des Video-Drehs noch etwas unsicher, was wir hier nun schon wieder machten, aber nach anfänglichem Zögern wurde auch sie immer souveräner.
Da ich das sehr lustig fand, sendete ich das Video an meine Fleischlieferanten/Hersteller.
Eigentlich war das nur als Gag gedacht, aber einer fragte an, ob wir uns vorstellen könnten, einen professionellen Dreh daraus zu machen und damit auch der Firma als Werbung zur Verfügung stünden.
Das klang doch sehr interessant und ich stimmte zu. Ein paar Wochen später hatten wir uns herausgeputzt und sind zu dem Hersteller gefahren.

Tina, Kara und meine Wenigkeit.
Sogar ein Studio wurde extra für uns angemietet und nach kurzer Besprechung wurde direkt mit dem Dreh begonnen.
Alles war super, die Hunde machten alles sehr gut mit und wir mussten nicht viel wiederholen. Da hatte sich das Training zuhause mal wieder bezahlt gemacht.
Als der sehr aufregende Tag zu Ende war, fuhren wir wieder nach Hause und warteten, bis das fertige Video ausgestrahlt wurde.
Doch zu unserem Leidwesen wurde nichts daraus, die Chefetage hatte sich letztendlich dagegen entschieden mit der Begründung: *„nach langem Überlegen, Kundenbefragungen und Marktanalysen, ist es mit Rottweilern in der Werbung nicht so, wie die Geschäftsleitung rüberkommen möchte“.*
Das machte mich echt traurig. Wieder eine Vorverurteilung, weil man befürchtete, in der öffentlichen Wahrnehmung schlecht rüberzukommen.

Ich denke ja ständig nur an Hunde, meine Frau sagt immer, dass ich auch schon ein halber Hund bin. Wenn ich dann so meinen Gedanken nachhänge, kommen mir auch mal Ideen, an die ich sonst nicht denken könnte.
So auch dieses Mal: Ich wollte einen Wagen kaufen, um meine Hunde davor zu hängen, damit sie mich ein oder zwei Runden durch unser Industriegebiet ziehen könnten. Also machte ich mich an die Recherche. Es gab fertige Trainingswagen für sehr viel Geld, doch das wollte ich nicht gleich ausgeben, weil ich ja noch gar nicht wusste, ob das überhaupt funktionierte. Also kaufte ich im Internet einen Gebrauchten für einige 100 Euro. Er bekam neue Reifen, Farbe und Bremsen. Gerade die Bremsen waren eine gute Investition, wie sich später noch rausstellen sollte. Da ich viel recherchiert und mich auch mit Menschen unterhalten hatte die Zughundesport machten, brauchten wir auch spezielle Geschirre. Diese wurden extra für Kara und Tina angefertigt. Ich wollte ein Zweiergespann fahren. Als alles so weit fertig war, spannte ich die Hunde davor und lief mit ihnen an der Leine durch unser Industriegebiet. Auf dem Wagen stand meine Frau, um zu lenken. Als hier keine Berührungsängste mehr waren, wollte ich starten. Also Hunde anspannen, auf den Wagen steigen und los. Denkste, nix ging los. Kara und Tina drehten sich zu mir um und verstanden nicht, warum sie von mir wegrennen sollten. Ok, das hatte ich mir anders vorgestellt, aber ich verstand die beiden. Jahrelang versuchte ich immer mit jedem zu trainieren, dass sie zu mir kommen und nicht von mir weg.
Also was tun?
Ich hatte den Wagen doch für mich gekauft. Ich holte meine Frau, dass sie den Wagen fahren sollte, während ich mit dem Fahrrad vorneweg fuhr, damit die Kleinen zu rennen begannen.

Also los ging`s. Nun sah man, warum die eingangs erwähnten Bremsen notwendig waren. Sofort als ich losfuhr, sprangen Kara und Tina in die Leinen, dass meine Frau sich regelrecht auf dem Wagen festhalten musste. Die beiden wollten doch tatsächlich an mir vorbei. Also gab ich Gas, was die Hunde ebenfalls mit Geschwindigkeit beantworteten. So spielten wir uns zusammen hoch, bis eine Geschwindigkeit erreicht wurde, die passte. Ganze zwei Runden schafften wir, mehr wollte ich auch nicht, da unsere Hunde nicht darauf trainiert waren. Es sollte ja nur Spaß machen. Als wir zuhause anhielten, sah ich, dass meine Frau fix und fertig war. Es kostete sie sehr viel Kraft, sich auf dem Wagen zu halten, speziell in den Kurven, da stand sie fast nur auf der Bremse. Diese Bremsen musste ich in den nächsten Wochen auch noch stärker ausstatten. Kara und Tina hatten Spaß, das sah man ihnen richtig an. An den nächsten Wochenenden trainierten wir ständig mit dem Wagen, nur leider musste ich immer mit dem Fahrrad vorneweg fahren, weil es einfach nicht andersrum funktionieren wollte. Ich denke, unsere Bindung war einfach so groß, dass ich es eben akzeptieren musste. Aber Hauptsache die Kleinen hatten ihren Spaß dabei.

Nach einigen Monaten hatte ich den Wagen wieder verkauft, weil unsere Hunde immer älter wurden und ich keine jüngeren mehr in unserem Gnadenhof aufnehmen wollte.

Ich bin ein sehr großer Fan von dem irischen Super Doc „Noel Fitzpatrick“.
Diese Sendungen im Fernsehen schaue ich mir schon seit Jahren an. Was Tiere allgemein und speziell natürlich Hunde angeht, bin ich sehr nahe am Wasser gebaut, wenn etwas Schlimmes passiert. Es nimmt mich sehr mit, wenn Tiere leiden.
Wenn ich sonntags mal Zeit habe, sitze ich immer mit meinen Hunden zusammen auf dem Boden und wir schauen uns gemeinsam diese Sendung an.
Und wenn es dann mal widererwarten ein Tier nicht schafft und erlöst werden muss, heule ich Rotz und Wasser.
In den Momenten bin ich froh, meine Hunde an meiner Seite zu haben, die mir Trost spenden.
Kara war diesbezüglich immer sehr feinfühlig. Sie kam immer an meine Seite und legte sich zu mir.
Sie bemerkte meine Trauer und versuchte, mir durch ihre Nähe Trost zu spenden. Oft leckte sie meine Hand oder legte ihren Kopf auf meinen Schoß. Wir verstanden uns auch ohne Worte.
Und es half auch immer.
Als ich heute diese Geschichte schreibe, habe ich gerade eine weitere Sendung von Noel gesehen und an Kara gedacht.
Diese Hündin gab mir mehr als alles andere auf der Welt.
Ich vermisse sie so sehr.

Hier unsere nächste gemeinsame Geschichte:
Eyko, einer unserer Hunde, hatte an beiden Hinterbeinen einen Kreuzbandriss. Mit dieser Diagnose kam er schon zu uns auf den Gnadenhof. In den ersten Monaten war alles super, er hatte sich einfach daran gewöhnt und kam auch sehr gut damit zurecht. Doch je älter er wurde, desto mehr machte es sich negativ bemerkbar. Er fing an zu humpeln und auch Schmerzmittel halfen nicht mehr. Also machten wir einen Spezialisten ausfindig, der auf Prothesen und Orthesen spezialisiert war. Ich machte einen Termin aus und weiß noch, dass es Hochsommer war. An besagtem Termin hatten wir zuhause einen Wasserrohrbruch und Handwerker mussten kommen. Diese hatten Angst vor unseren Hunden und nun hatte ich ein Problem. Ich musste mit Eyko zum Orthopäden und konnte unsere Hunde wegen der Handwerker nicht zuhause lassen.
Was sollte ich nun tun?
Also entschied ich mich, alle Hunde mitzunehmen und vor Ort auch mit in die Praxis zu nehmen, da es im Auto zu heiß war, das wäre tödlich gewesen. Vor Ort bekam ich nur 200 Meter von der Praxis entfernt einen Parkplatz für unseren großen Bus. Also nahm ich die Leinen und unsere 9 Hunde und lief die kurze Strecke zur Praxis. Die Menschen schienen so etwas noch nicht gesehen zu haben, denn ihnen blieb vor Staunen fast das Herz stehen.
An der Praxis angekommen klingelte ich und der Orthopäde fiel vor Schreck fast aus der Tür. Ich erklärte ihm meine missliche Lage und nach kurzem Überlegen seinerseits durften wir dann alle eintreten.
Er schloss hinter uns sofort die Tür ab, dass ja niemand aus Versehen eintreten konnte und eventuell ein Problem mit seiner Gesundheit bekommen hätte. Ich legte alle unsere Hunde in einer Reihe nebeneinander hin.

Timmi, Tina, Baba, Kara, Eyko, Elsa, Lisa, Dony und Maya.
Er holte in der Zeit den Rohling von Eykos Orthese und fing schon mal an, daran herumzuwerkeln. Immer wieder schaute er zu uns herüber und schüttelte seinen Kopf.
Nach einer kurzen Zeit musste ich dann Eyko auf den Tisch stellen, um die Orthese anzupassen.
Bereitwillig ließ er das über sich ergehen. Ich blieb vorne an seinem Kopf und der Orthopäde arbeitete hinten.
Eine seiner Berührungen schien Eyko kurz zu stören und er brummte sehr tief aus seinem großen Brustkorb heraus.
Da stand Kara auf, kam auf uns zu und stellte sich vor den Arzt.
Er legte die Orthese bei Seite und fragte mich, mit etwas zitternden Händen, ob er wirklich weiterarbeiten durfte, denn Kara machte ihm doch etwas Angst.
Ich ermahnte sie, dass sie sich neben mich legen sollte und er durfte dann weiterarbeiten. Man sah ihm deutlich an, dass diese Situation für ihn nicht so alltäglich war. Das verrieten mir seine Schweißperlen, die er vor Angst auf seiner Stirn hatte. Doch als er merkte, dass unsere Hunde auf mich hörten und ich diese auch im Griff hatte, wurde er langsam wieder lockerer. Nach ungefähr 45 Minuten war alles überstanden und Eyko hatte eine neue Orthese, damit es ihm wieder besser ging. Damit konnte er wieder ohne Probleme und vor allem ohne Schmerzen rumtollen, als ob nichts gewesen wäre.
Ich zahlte meine Rechnung und wir machten uns wieder auf den Weg. An der Tür schaute sich Kara nochmals zum Arzt um, als wollte sie sagen:
„Gut gemacht Meister."
Also wieder mit 9 Hunden die Straße entlang zu unserem Bus und ab nach Hause.

Wir haben auf unserem Gelände auch eine letzte Ruhestätte eingerichtet. Das sind Pflanzsteine aus Beton, die in einem Bogen in 5 Reihen aufeinandergestapelt sind. Darin findet jeder Bewohner unseres Gnadenhofs seinen letzten und endgültigen Platz bei uns.
Es werden Pflanzen eingesetzt und jeder unserer Schützlinge wird mit einem Bild und einer Gedenkplakette mit Namen und Jahreszahl verewigt.
Täglich gehe ich zu diesem besonderen Platz und rede mit allen, die schon vor uns gegangen sind.
Des Öfteren sitze ich auch sehr lange einfach nur bei ihnen und hänge meinen Gedanken nach.
Und natürlich rede ich dabei fast täglich mit Kara.
Was hier so los ist und was alles passiert. Ich stelle ihr unsere neuen Bewohner vor und fühle, dass sie in der Nähe ist.
Das ist so schön, hilft mir und tut mir unheimlich gut.
Auch ist es schon ein bis zwei Mal passiert, dass ich einfach die Zeit vergesse und erst spät, wenn es dunkel ist, wieder ins Haus gehe. Einmal bin ich auch auf dem Stuhl vor ihrem Grab eingeschlafen, bis mich spät nachts meine Hunde wieder aufgeweckt haben.
Eben ein sehr friedvoller Ort.
Hier wird es nie laut, nicht hektisch und alles bleibt ruhig.

Kara
* 2007 † 2019

Vor vielen Jahren sind wir doch einmal für zwei Wochen in Urlaub gefahren. Das ist für uns sehr außergewöhnlich, da wir nie in Urlaub gehen.
Wobei Urlaub auch nicht wirklich stattfand. Es war eher Stress und ein „Tapetenwechsel".
Es sollte in die Nähe von Schwerin gehen.
Dabei waren unser Dalmatiner „Rick" und die schwarze Bande Baba, Kara, Eyko und Tina.
Wir hatten das Ferienhaus schon Monate vor Beginn unseres Urlaubs gebucht. Und als es dann so weit war, wurde Baba krank. Mit Rick bekamen wir einen sehr kranken Dalmatiner aus dem Tierschutz in unser Rudel. Nach langer Beratung entschieden wir uns, trotzdem zu fahren. Sonst kämen wir ja nie weg. Gleich als wir ankamen, mussten wir schon mit Baba in die Klinik nach Schwerin. In den kommenden zwei Wochen waren wir noch öfters dort.
Wenn mal gerade gesundheitlich alles gut war, machten wir das, was die meisten im Urlaub machen. Spazieren gehen mit den Hunden, an den nahegelegenen See fahren, um die Hunde ins Wasser zu bringen oder auch einfach mal nur nichts tun.
Unser Rick war aufgrund seines Gesundheitszustandes eine Herausforderung. Er jammerte den ganzen Tag. Das war schon sehr anstrengend. Auch unsere restlichen Hunde waren genervt davon, aber was tun?
Nach wenigen Tagen hatte es Rick echt übertrieben, er fand keine Ruhe und jammerte nur. Irgendwann wurde es Kara zu viel und sie ging auf ihn los. Dabei hatte sie ihm mit einem ihrer Fangzähne ein Loch oben in die Schnauze gebissen. Also wieder zur Klinik und schauen, was jetzt los war. Rick hatte ein so tiefes Loch auf dem Nasenrücken, dass auch die Atemwege beeinträchtigt wurden.

Eigentlich hätte es genäht werden müssen, aber da die Atemwege betroffen waren, musste es offenbleiben und regelmäßig gespült werden.
So ein Urlaub macht richtig Freude.
Kara hatte mal wieder gute Arbeit geleistet.
Halbe Sachen machte sie ja nicht.
Also waren wir nun jeden zweiten Tag in der Klinik, einmal mit Baba und das andere Mal mit Rick. Wir fuhren auch einen Tag früher nach Hause, um vor dem anstehenden Wochenende noch unsere Tierärztin zu sprechen.
Ich war heilfroh, als wir wieder nach Hause kamen.
Auch deshalb fahren wir nie weg. Zuhause hätte das natürlich auch passieren können, aber da sind unsere Anlaufstellen besser und der Stress für die Hunde geringer. Rick wurde bei unserer Tierärztin noch drei Wochen weiter behandelt, bis alles wieder gut verheilt war.

Abends, wenn die ganze Arbeit des Tages erledigt ist und endlich der Feierabend naht, gehen wir immer noch eine Runde durch unser Industriegebiet.
Das ist immer der letzte Gang des Tages.
An einer Stelle setze ich unsere Hunde ab und auf mein Zeichen, durften und sollten sie einen Sprint hinlegen.
Kara war immer sehr schnell auf den Beinen. An jenem Tag war ich mit meiner Frau, Timmi, Arny, Kara und Tina, wie wir sagen, „außenrum" gelaufen. An besagter Stelle brachte ich wieder alle Hunde ins „Sitz", baute etwas Spannung auf und dann, Feuer frei.
Unser damaliger Dalmatiner „Timmi" war auch sehr schnell und rannte an Kara und Arny vorbei. Plötzlich hatte ihn anscheinend der Teufel geritten und er kreuzte vor den beiden.

Aufgrund ihrer Schnelligkeit und ihres Gewichts (Kara 46 Kilo, Arny 53 Kilo), konnten die beiden nicht mehr bremsen und rannten Seite an Seite in Timmi rein.
Er flog durch die Luft und rutschte mit seiner rechten Seite einige Meter über die Straße.
Plötzlich war alles still, keiner bewegte sich und man hörte noch nicht mal die Hunde hecheln.
Ich rannte zu Timmi und sah, dass er durch das Rutschen auf der Straße im Schulter- und Beckenbereich aufgeschürft war.
Nichts Schlimmes passiert und dadurch konnten wir endlich laut lachen.
Gelernt hatte Timmi daraus nichts, er machte es immer wieder.
Aber so schön geflogen war er nicht mehr.
Und natürlich wollten wir auch nicht, dass mal was passierte, und daher ließen wir den Simpel nur noch zeitverzögert losrennen.

Michael, ein ehemaliger Kunde von mir und ein mittlerweile guter Freund von uns, hatte mir immer geholfen, meinen Hundeplatz in Ordnung zu halten.
Rasenmähen und kleinere Reparaturen waren sein Aufgabengebiet.
Unser Aufsitzrasenmäher machte einmal schlapp und musste in die Werkstatt. Doch der Rasen musste natürlich auch in dieser Zeit gemäht werden.
Also sagte ich Michael, dass er bei uns zuhause den Aufsitzrasenmäher meiner Mutter holen konnte, um den Hundeplatz zu mähen. An besagtem Tag musste ich jedoch zu einem Termin. Meine Mutter war zuhause und sagte zu, Michael reinzulassen, damit er ihren Rasenmäher holen konnte.

Als der Termin zu Ende war, schaltete ich mein Handy wieder ein (bei Terminen mache ich es immer aus, um nicht gestört zu werden). Ich sah, dass unglaubliche 23 Anrufe meiner Mutter drauf waren.
Mir schwante Böses.
Ich rief sofort zurück und meine Mutter meinte, dass ich sofort heimkommen sollte. Michael sei da und wollte den Rasenmäher holen. Als er rausfahren wollte, hätten sich Kara und Baba in den Weg gestellt, ihn richtig böse angebellt und die Zähne gefletscht. Auch als sie die Hunde wegbringen wollte, hätten sie meine Mutter angebrummt.
Ich fragte, wo nun das Problem sei.
Meine Mutter erwiderte, dass Michale inzwischen seit einer Stunde immer noch auf dem Rasenmäher säße und die Hunde ihn nicht mehr herausließen.
Ok, ich erkannte nun die Situation und beeilte mich, heimzukommen.
Als ich nach 20 Minuten heimkam und Michael mich sah, war seine Erleichterung über mein Erscheinen groß.
Kara und Baba kamen wie selbstverständlich auf mich zu und Michael konnte endlich mal vom Rasenmäher absteigen und sich erstmal strecken. Er war total verkrampft vom ruhigen Sitzen. Nach meiner Entschuldigung fuhr er dann rüber zum Hundeplatz und machte seine eigentliche Arbeit.
Den Rasenmäher musste ich dann selbst wieder zurückholen, dieses Thema war durch.

Als meine Hunde noch jünger waren, sind wir fast jeden zweiten Tag unsere Lieblingsstrecke vor der Haustüre gelaufen. Aber nun, im höheren Alter, ist das einfach zu weit für die Kleinen.

Besagte Strecke ging durch unser Industriegebiet, rüber ins Feld, über die Bahnbrücke und durch den Ort zurück.
Wir gehen morgens immer gegen 6 Uhr spazieren. Im Winter ist da ja bekanntlich noch dunkel und im Schutze der Dunkelheit kommen mehr auf dumme Gedanken als im Hellen.
An diesem Tag, als wir früh morgens Richtung Bahnbrücke liefen, sahen wir vor uns ein Auto und einen Menschen, der etwas auslud. Ganz genau konnten wir das aus der Entfernung noch nicht erkennen.
Wir liefen also weiter darauf zu, weil es ohnehin unsere Richtung war.
Als wir näherkamen, sahen wir, wie dieser Mensch Abfall und Sperrmüll den Abhang Richtung Bahngleise hinunterwarf. Anscheinend war das besser, als die 10 € zu bezahlen, die es auf der Deponie kosten würde.
Er hatte uns bis dahin noch nicht bemerkt, weil er so sehr mit seiner Entsorgung beschäftigt war.
Ich nahm meine Hunde ganz dicht an mich und als wir dann vor seinem Auto standen, rief ich, was da los sei.
Er stand hinter dem Wagen am Kofferraum und erschrak, als er mich hörte.
Nun wollte er schnell in sein Auto, anscheinend um zu flüchten, aber da hatte er die Rechnung ohne uns gemacht. Ich ließ erst Kara los, die sich sofort mit fletschenden Zähnen vor den Typ stellte. Nun wollte der Typ eine wüste und laute Streitszene vom Zaun brechen. Da schickte ich auch noch Baba und Eyko vor.
Sofort Totenstille. Mit einer kurzen Kletteraktion sprang der Verrückte auf sein Autodach und schrie, dass wir verschwinden sollten. Das kam natürlich nicht wirklich in Frage. Ich erklärte ihm, dass er nun ganz ruhig auf seinem Auto sitzen bleiben sollte, da ich meine Hunde auch nach oben schicken könnte. Dann rief ich die Polizei an und erklärte ihnen kurz, um was es

ging. Der Typ jammerte nun, dass ich bitte auflegen und nicht die Polizei rufen sollte. Er würde auch alles wieder rückgängig machen. Darauf ließen wir uns nicht ein. Ca. 10 Minuten später kam die Obrigkeit mit Blaulicht ins Feld gefahren. Als die Polizisten ausgestiegen waren, mussten sie laut lachen und baten mich, doch bitte erstmal die Hunde zurückzunehmen.
Ich tat wie geheißen und dann kümmerten sie sich um den Sperrmüllentsorger.
Meine Aussage wurde noch von einer sehr netten Polizistin aufgenommen, die dabei auch unsere Hunde streichelte.
Danach setzten wir unseren Spaziergang fort und kamen mit Verspätung nach Hause.

Wenn ich meinem Beruf als Hundetrainer nachgehe, muss ich manchmal auch den ein oder anderen Hund von mir mitnehmen und beim Training einsetzten, um den Menschen mit ihren Problemen noch besser helfen zu können.
An gleich folgendem Termin nahm ich Kara mit. Es ging um eine alleinerziehende Frau mit 6-jähriger Tochter. Sie hatten einen Großpudel, der anderen Hunden gegenüber sehr dominant, aber nicht aggressiv war. Ich war schon zwei Mal bei der Kundin und heute sollte die vorerst letzte Stunde sein.
Ich ließ Kara erstmal im Auto und klingelte an der Tür. Frau Klein drückte den Türöffner und ich ging die Treppe hoch in die Wohnung, um vor unserem Training nochmal alles zu besprechen. Nach unserem Gespräch ging ich runter, um Kara zu holen. Im Erdgeschoss machte mir die Oma von Frau Klein auf und wollte wissen, ob wir ein Stück Kuchen wollten, sie hatte extra gebacken. Ich erklärte ihr, dass ich erstmal meine Arbeit machen müsse und danach natürlich sehr gerne. Also Kara aus dem Bus geholt und hoch zu Frau Klein. Der Pudel

wollte Kara sofort dominieren, doch diese Rechnung ging nicht auf. Kara gab ihm eine kurze Ansage und es war erstmal Ruhe. Wir setzten uns und ich erklärte Frau Klein alles. Auch, dass ich nun gerne mit den Hunden nach draußen gehen würde, um das Problem auch außerhalb der Wohnung anzugehen.
Frau Klein zog ihre Schuhe an und ich schaute, wo Kara war. Mist, ich hatte vergessen die Tür zu schließen und Kara war weg. Also musste das Training erst mal warten und ich rannte runter, um Kara zu suchen.
Auf der ganzen Straße war nichts zu sehen, mir wurde ganz schlecht. So etwas durfte mir doch nicht passieren. Ich sagte Frau Klein, dass ich mit dem Auto durch das Dorf fahren würde, um Kara zu suchen. Meine Sorgen wuchsen mit jeder Sekunde. Plötzlich klingelte das Telefon und Frau Klein war dran. Sie sagte, dass Kara unten in der Wohnung bei ihrer Oma sitze.
Ich war so erleichtert und fuhr wieder zurück. Beim Eintreten in die Wohnung saß Kara neben der Oma von Frau Klein und beide aßen zusammen ein Stück Kuchen.
Kara musste den frischen Kuchen gerochen haben und wegen der offenen Tür dachte sie sich bestimmt, dass sie Oma Klein mal einen Besuch abstatten könnte.
Meine Freude, dass Kara nichts passiert war, war so groß, dass ich auch nicht schimpfte. Wir setzten uns alle zusammen an den Tisch und jeder bekam nun ein Stück des selbstgebackenen Kuchens. Oma Klein sagte nur ganz trocken, dass wir das hätten gleich machen sollen, dann hätte ich mir keine Sorgen machen müssen.
Wo sie Recht hat, hat sie nun mal Recht.

Vor vielen Jahren wollte ich einmal selbst eine Begleithundeprüfung mitmachen. Ich möchte immer alles auch aus eigenen Erfahrungen erleben, damit das, was ich sage, auch mehr Gewicht hat als nur Hörensagen.
Wir mussten extra in einen Verein eintreten, damit wir mitmachen durften. Wir trainierten fleißig bei der ganzen Gruppe, obwohl mir einige der Übungen überhaupt nicht zusagten. Auch meinem Arny, den ich dafür ausgesucht hatte, merkte man das an.
Aber wir machten das Beste daraus. Im Frühjahr war dann unser Prüfungstermin.
Ich möchte nochmals erwähnen, dass ich das nur mitmachte, um meine eigenen Erfahrungen zu sammeln und keinen Wert auf diese Prüfung legte. Und diese Erfahrungen sind mittlerweile schon weit über 10 Jahre her.
Als Arny und ich dran waren, gingen wir gemeinsam nebeneinander auf den Platz und stellten uns dem Übungsrichter mit folgenden Worten vor:
„Moin."
Dem Richter gefiel das überhaupt nicht und er ermahnte mich, dass ich mich gefälligst wie folgt vorstellen sollte:
„Hundeführer Dieter Paul stellt sich mit Rottweiler Rüde Arny zur Begleithundeprüfung vor."
Ich sagte ihm, dass ich nicht beim Militär sei und freundlich gegrüßt hatte ich ja.
Ok, mit hochrotem Kopf und einer sehr dicken Halsschlagader ließ er mich die Prüfung machen. Arny machte alles, was ich von ihm verlangte, nicht ein einziger Fehler schlich sich ein. Beim Kommando „Sitz" sollte ich nur dieses Wort sagen, aber ich sagte zu Arny, dass er sich hinsetzten sollte. Beim Kommando „Platz" das gleiche und so weiter.

Als wir fertig waren, gingen wir vom Platz runter und warteten, bis uns nach der Prüfung das Ergebnis mitgeteilt wurde.
Was soll ich sagen, wir sind durchgefallen. Dem Richter gefiel unser Auftreten nicht und so gab er uns auch die Prüfungsbescheinigung nicht.
Ok, für uns nicht schlimm. Wir lassen uns nicht knechten.
Ein halbes Jahr danach absolvierte ich die Prüfung nochmals mit Kara. Zu unserem Pech war der gleiche Richter da und hatte uns auch sofort wiedererkannt.
Als wir drankamen, war es die gleiche Prozedur wie vor einem halben Jahr.
Ich weigere mich einfach, in meiner sehr begrenzten Freizeit so einen Mist zu machen. Es geht schließlich darum, die Hunde und deren Gehorsam sowie das Zusammenspiel zwischen Halter und Hund zu beurteilen, und sonst nichts.
Auch dieses Mal redete ich sehr freundlich mit Kara, dass sie sich bitte hinsetzen sollte und auch die nächsten Übungen machte sie vorbildlich. Dann wollte der Richter, dass Kara Platz machen sollte, und zwar ganz genau an einer bestimmten Stelle.
An dieser Stelle stand noch etwas Wasser vom Regen am Vortag. Nicht viel, aber es war eben nass. Ich machte mit Kara drei Meter weiter Platz. Dies war nicht gewünscht und wir sollten es weiter hinten machen, ganz genau in der Pfütze.
Ich zog meine Jacke aus und legte diese über die Pfütze. Anschließend holte ich Kara und sie legte sich auf meine Jacke. Das Publikum lachte und klatschte, aber der Richter fing Feuer. Wir gingen nach Beendigung der Prüfung wieder vom Platz und warteten auf das Ergebnis. Was soll ich sagen, er ließ uns wieder durchfallen und verbot uns sogar, bei weiteren Prüfungen unter seiner Führung anzutreten.

Als Baba damals zu uns kam, brachte auch er natürlich jede Menge Eigenarten mit sich, die uns vorher nicht gesagt wurden. Teils mit Absicht verschwiegen und teils, weil man es auch gar nicht wusste. Eine von Babas Eigenarten war, dass er es hasste, wenn Hunde im Fernsehen zu sehen waren. Die wollte er attackieren.

Das erste Mal, als wir dieses Problem mitbekamen, war einige Tage nach Babas Einzug in unser Haus. Ich saß auf der Couch, Baba lag vor mir zu meinen Füßen und irgendeine Sendung lief im Fernsehen.

Als da ein Hund auftauchte und bellte, schoss Baba auf den Fernseher zu und sprang dagegen. Kara ging sofort gegen Baba, als wolle sie ihm sagen, dass dieses Verhalten hier nicht erwünscht war.

Tja, so schnell kann ein Fernseher kaputt gehen. Mist.

Am nächsten Tag fuhr ich los, um ein neues Gerät zu kaufen und zu Hause wieder an die Wand zu hängen.

Aber nochmals das gleiche Dilemma wollten wir natürlich nicht mehr haben. Daher bohrte ich ein Loch in die Wand neben der Couch und schraubte einen stabilen Haken hinein.

Dann nahm ich eine DVD mit Hundetraining (darin kamen schließlich Hunde zum Einsatz) und legte Baba ein Geschirr an, damit er nicht im Halsband in die Kehle sprang und sich verletzte. Anschließend band ich ihn an den Haken.

Ich setzte mich auf die Couch und schaltete die Technik ein. Beim ersten Hund schoss Baba nach vorne und Kara stellte sich sofort zwischen ihn und den Fernseher und bellte ihn an. Ich drückte die Pausetaste und arbeitete mit Baba, bis er sich beruhigte. Er bekam dann eine kleine Belohnung und das gleiche Spiel ging von vorne los. Bei jedem Mal meinte meine Kara, mir helfen zu müssen, als ob ich das nicht alleine schaffen

würde. Na, wer weiß schon, ob es auch ohne Karas Hilfe so schnell funktioniert hätte.
Das ganze Training machten wir jetzt über mehrere Tage, bis Baba immer weniger Aggression gegenüber dem Fernseher zeigte und wir zum nächsten Schritt ohne Leine übergehen konnten. Auch das hatte funktioniert, natürlich nur mit Karas Unterstützung. Nach ca. drei Wochen, in denen wir mehrmals täglich trainierten, war das Problem aus der Welt geschafft.
Was mir danach noch auffiel: Jedes Mal, wenn der Fernseher anging, schaute Kara zu Baba, als wollte sie ihm mitteilen, dass er doch bitte die Pfoten stillhalten sollte.

Wir waren in unserem „Urlaub", wieder in Mecklenburg-Vorpommern, im Elefantendorf.
Dort sind einige Elefanten und auch andere Tiere wie Esel, Bison, Zebras, ...

Einige der Tiere laufen da frei auf dem Platz umher.
Wir waren dort gemütlich mit unseren Hunden im Gelände umhergelaufen und hatten uns die Tiere angeschaut.
Diese riesigen Tiere sind schon sehr beeindruckend.
Als wir so ungefähr 30 Minuten vor Ort waren, verfolgte uns ein Esel. Mist, dachte ich, hoffentlich kommt der nicht noch näher.
Meine Frau hatte Rick an der Leine und ich Baba, Kara, Eyko und Tina.
Erst waren alle sehr ruhig und schauten zu dem Esel hin. Er kam bis auf zwei Meter an uns heran. Ich hoffte, dass der Kerl wieder ginge, denn ich wollte keinen Stress hier.
Plötzlich fing der Esel an, seine typischen Laute von sich zu geben.
Nun machten meine vier Hunde an der Leine ordentlich Alarm.
Angst hatte keiner, die wollten plötzlich dem Esel ans Leder.
Schon mal vier Rottweiler gehalten, die unter Strom stehen?
Nicht lustig.
Ich stürzte hin und der Esel rannte Gott sei Dank weg. Meine schwarze Bande zog mich ein paar Meter über den staubigen Boden, bis ich endlich Halt fand.
Das war eine Show. Nicht für mich, sondern für die vielen anderen Gäste, die lachend das Schauspiel genossen.
Aber was sollte ich tun, passiert war passiert.
Staub abklopfen und weiter geht's. Zum Glück war niemandem etwas passiert, das ist immer das Wichtigste.

„Früher“ haben wir noch jüngere Hunde aufgenommen, heute nur noch Hunde ab 7 Jahren.
Wir sind damals auch noch Fahrrad gefahren. Ich habe schon immer gern gebastelt und so hatte ich mir ans Fahrrad eine Haltestange für zwei Hunde gebaut. Auch einen Anhänger für unsere älteren Hunde hatte ich damals selbst gebaut. Der war für unseren Cash.
Komplett aus Eisen uns sauschwer. Nach jeder Ausfahrt war ich fix und fertig.
An dem Anhänger hatte ich auch eine Halterung für zwei weitere Hunde angebaut.
Als wir einmal durch unseren Ort gefahren waren, kam plötzlich von links eine Katze mit Selbstmordgedanken auf uns zu. Sie stürzte sich auf unsere Hunde. Ich musste alles geben, um nicht

mit der ganzen Fuhre auf der Straße zu liegen. Kara hatte die Katze sofort im Genick gepackt und weggeschleudert. Ich hatte geschrien, in der Hoffnung, die Katze würde wegrennen.
Selbst Cash stand nun im Anhänger und legte mit seinen 14 Jahren noch Protest ein.
Aber denkste, die Katze kam nochmals auf uns zu und Kara packte sie wieder. Die Besitzerin kam aus dem Haus und schrie. Ihre Katze lief dann zu ihr.
Doch gerade, als ich fragte, ob sie verletzt sei, riss sie sich los und kam nochmals auf uns zu. Wieder schaffte es Kara, die Katze zu packen und wegzuschleudern.
Wohlgemerkt, alle waren am Fahrrad und am Anhänger befestigt.
Die Frau packte erneut die Katze und ich machte, dass ich wegkam, bevor es noch weitere Angriffe gäbe.
Zuhause untersuchte ich dann erst mal unsere Hunde, ob sie vielleicht eine Verletzung hatten, aber zum Glück war nichts.
Dann fuhr ich zu dem Haus zurück und wollte mich nach der Katze erkundigen.
Die Frau schrie nur aus dem Fenster, dass meine Hunde ihre Katze angegriffen hätten.
Ich dachte, ich sei im falschen Film.
Zum Glück war meine Frau dabei und konnte alles bezeugen, dass wir keine Probleme bekamen.

Wir bekommen jedes Jahr viele Anfragen von Schulen oder den Kindern direkt. Es geht um ein Praktikum. Dies ist bei uns nicht so einfach. Erstens haben wir nicht den typischen 8-Stunden-Tag und zweitens arbeiten wir auch mal mit gefährlichen Hunden. Und den Kindern soll und darf natürlich nichts passieren. Gleichzeitig sollen sie aber auch etwas lernen. Wie ihr seht, nicht so einfach umzusetzen.
Dennoch nehmen wir jedes Jahr einen Jungen oder ein Mädchen für bis zu zwei Wochen auf, um den Beruf des Hundetrainers und das Verständnis für die Tiere weiterzugeben.
In dieser Geschichte hatten wir einen Jungen, der sehr große Angst vor Hunden hatte. Es wurde mir von der Schule und den Eltern im Vorfeld auch ganz offen so mitgeteilt.

Nur warum war das so?
Wir ließen uns darauf ein. Montag morgens wurde er von seiner Mutter gebracht. Als ich mit meinen Hunden ans Tor ging um ihn abzuholen, saßen Mutter und Kind im Auto und wollten nicht aussteigen.
Die Mutter meinte, dass die Hunde weg müssten. Ich sagte, dass wir hier mit Hunden arbeiten und wenn ich die Hunde wegbrächte, könnten wir nur den ganzen Tag den Rasen mähen. Ein wenig müsse sie mir schon vertrauen, sonst würde das nichts werden.
Nach ein paar Minuten war dann der Junge ausgestiegen und die Mutter fuhr davon. Wir machten uns nun erstmal richtig bekannt. Daniel war 14 Jahre jung und ich erklärte ihm, wie er sich verhalten sollte und was er unterlassen müsste.
Man sah ihm seine Angst richtig an. Ich setzte mich erstmal mit ihm vor unser Tor und wir redeten, was hier genau los war. In dem Gespräch kam dann heraus, dass seine Mutter das Problem war. Sie hatte eine Wahnsinnsangst und projizierte diese Angst immer mehr auf Daniel.
Ich versprach ihm, dass wir das zusammen ändern würden und er seine Angst zu kontrollieren lernte. Dann gingen wir rein. Ich sagte zu meinen Hunden, dass sie zur Seite gehen sollten, und wir liefen in den Hof. Unsere Hunde mit wenig Abstand hinterher. Ich hielt Daniel an der Hand, um ihm Sicherheit zu geben. Wir gingen ins Haus und ich machte mich fertig zum gemeinsamen Spaziergang mit 7 Hunden.
Beim Laufen wurde Daniel immer lockerer und so tief saß seine Angst gar nicht. Ich ließ ihn sogar immer wieder einen Hund führen. Kara lief immer ganz nah an ihn. Sie merkte, dass der Junge Hilfe brauchte, und sie wollte ihm helfen.
Als wir wieder heimkamen, versorgten wir unsere Hunde und machten uns auf den Weg zu unseren Terminen.

Abends wurde er dann wieder von seiner Mutter abgeholt. Am nächsten Tag rief mich seine Mutter an, um mir mittzuteilen, dass Daniel nicht wiederkommen würde. Auf meine Frage warum, antwortete sie nur, dass er gestern Abend alles erzählt hätte, und ihr wäre das zu gefährlich.
Ich verstand das nicht und legte auf. Aber ich wollte das nicht so stehen lassen und verschob meinen ersten Termin und fuhr zu Daniels Familie.
Zwei Stunden lang redete ich mit Daniels Mutter, bis sie endlich einwilligte, dass Daniel sein Praktikum fortsetzen durfte. Ich nahm ihn mit zu mir und auf der Fahrt erzählte er mir, dass ihm der gestrige Tag sehr gut gefallen hatte. Also machten wir unser Programm weiter und Daniel hatte keine Angst mehr. Eigentlich hatte er diese auch nie, er wurde nur von seiner Mutter mit Angst zugeschüttet, dass er immer mehr verunsichert wurde.
Kara wurde zu seinem Lieblingshund. Die ganzen zwei Wochen wich sie nie von seiner Seite und es war eine Freude, diese Bilder zu sehen.
Am letzten Tag hatte ich keine Termine gemacht, ich wollte mit Daniel und seiner Mutter mit unseren Hunden spazieren gehen. Das hatte meine ganze Kraft gekostet, diese Frau dazu zu bringen. Daniel hatte auch viel auf seine Mutter eingeredet. Schließlich machte sie mit. Man sah ihre Angst, aber Daniel zuliebe - und nur ihm zuliebe - machte sie mit. Der ganze Spaziergang war sehr schön und Kara lief die ganze Zeit bei Daniel und seiner Mutter.
Danach sah sie ihren Jungen mit anderen Augen und versprach mir, dass sie versuchen würde, Daniel nicht mehr so negativ zu beeinflussen.

Da wir uns zu Geburtstagen oder sonstigen Festigkeiten gegenseitig nicht wirklich etwas schenken, lud mich meine Frau einmal spontan zum Candle-Light-Dinner ein. Und weil ich immer auf die Uhr sehe, weil ich zu den Hunden zurückmuss, durften sie dieses Mal mitgehen.
Schön essen gehen mit allen Hunden zum Geburtstag, das war sehr schön. Wir wurden auch nur vom Chef persönlich betreut, da es den anderen Mitarbeitern etwas mulmig war.
Kann man verstehen, aber der ganze Abend war sehr schön.
Maya, Dony, Lisa, Tina, Theo und Kara durften mitgehen und waren alle sehr brav.
Auf dem Bild sieht man, dass wir etwas mehr Platz benötigten als manch anderer.

Bei uns auf den Rottihof kommen Rottweiler nicht nur an, sondern sie verlassen uns auch immer wieder und machen sich auf, die letzte Reise über die Regenbogenbrücke anzutreten. Erst einmal ist einer unserer Hunde von sich aus gegangen, bei 23 Hunden musste ich Gott spielen.
Diese Entscheidung zu treffen ist sehr hart für mich und es zerreißt mich immer fürchterlich.
Dass wir diese Entscheidung treffen dürfen, ist in diesen Momenten kein Trost.
Kara hatte in so vielen Situationen ein feines Gespür. Sie kam in der Zeit der Trauer immer an meine Seite und war einfach nur da. Nicht zu aufdringlich und auch nicht zu distanziert.

In den Momenten bekommt man das kaum mit, aber wenn man wieder etwas klarer denken kann, sind die Gedanken da. Und ich war immer sehr froh, dass Kara bei mir war.
In diesen Momenten kann, zumindest mir, kein Mensch dieses Gefühl geben. Auch meine Frau nicht. Ich möchte dann einfach alleine sein und keinen Menschen um mich haben. Dass Kara ein Hund war, half mir ungemein.
Aber nun ist Kara nicht mehr da, und egal ob mal ein anderer Hund zu mir kommt, um mich zu trösten, es ist nicht das gleiche. Sie fehlt.

Vor Jahren hatten wir für zuhause eine Reinigungskraft. Da meine Frau und ich sehr viel arbeiten, kommen wir alleine nicht mehr über die Runden. Wir brauchen in manchen Bereichen einfach Unterstützung.
Wir schalteten eine Annonce und schauten uns die Bewerber an. Unsere Entscheidung fiel auf Maria.
Wie ihr an dem Namen schon erkennt, war es eine Frau und sie war nicht ganz so dicke mit Hunden.
Aber sie war gewillt, ihre Arbeit zu machen und sich ihrem Problem zu stellen.
In der ersten Zeit war ich immer dabei, um unsere Hunde an Maria zu gewöhnen und Maria die Angst vor ihnen zu nehmen.
Wenn ich mal nicht konnte, mussten unsere Kleinen auch mal im Garten bleiben. Dies war nie länger als zwei Stunden.
Aber es kam der Tag, an dem alles sehr hektisch war. Ein Hund war verletzt, Maria kam später und ich hatte einen Termin außer Haus.
Als Maria ankam, musste ich schon weg, also noch schnell die Hunde in den Garten, Maria alles erklärt und schon düste ich

los. Mein Termin verlief sehr gut und war nach etwas über einer Stunde zu Ende.
Also wieder heim, um mich um unsere Hunde zu kümmern.
Als ich den Hof entlanglief, sah ich, dass der Garten offen war und die Haustüre auch.
„Oh Gott“, dachte ich, *„habe ich vorhin etwa vergessen die Türen zu schließen?“* Nun schnell ins Haus. Im Wohnzimmer fand ich Maria an die Wand gelehnt und Kara saß davor. Ich sah gleich, dass Maria große Angst hatte und rief Kara zu mir. Sie kam auch sofort und Maria konnte sich endlich bewegen. Ich führte die Hunde nach draußen und schaute nun erst mal, was los war.
Maria schilderte nun alles mit noch zittriger Stimme.
Kaum war ich weg, kamen Kara, Arny und Cash ins Haus. Die beiden Jungs legten sich in den Flur, aber nicht Kara. Sie ging schnurstracks auf Maria zu und gab ihr zu verstehen, dass sie nun das Kommando hier hatte. Seit über einer Stunde stand Maria nun an der Wand und hoffte, dass ich käme. Es war nichts passiert, das war erst mal das Wichtigste. Das Geschehene hätte auch nicht passieren dürfen und ich entschuldigte mich natürlich vielmals.
Aber mehr konnte ich in dem Moment nicht tun.
Ich versprach Maria, dass ich in Zukunft besser aufpassen würde und sie versprach, wiederzukommen, doch für heute musste sie Schluss machen, um das Erlebnis erst mal zu verarbeiten. Sie verabschiedete sich und ich hoffte, dass sie wirklich wiederkommen würde.
Die Woche drauf kam sie auch.
Sie konnte auch schon wieder lachen, aber beim Erzählen merkte man ihr an, dass sie das schon mitgenommen hatte.

Ich blieb wieder zuhause und arbeitete mit den Hunden und von Woche zu Woche wurde Maria immer mehr warm mit unseren Kleinen.
Nur bei Kara war sie bis zum Schluss sehr reserviert.
Aber wir bekamen das alles hin und so etwas passierte auch nie wieder.

Wie viele von euch wahrscheinlich wissen, habe ich auch einen Futtershop für Hundenahrung. In den Sommermonaten lasse ich immer die Tür offen und setze eine Tür mit Fliegengitter davor. Damit habe ich dann etwas mehr Durchlüftung.
In dieser Geschichte war solch ein Sommertag.
Ich war bei einem Termin und unsere Kleinen waren zuhause. Sie können selbstständig ins Haus oder in den Garten gehen.
Als ich nach drei Stunden wieder nach Hause kam, war mir Kara nicht entgegengelaufen, das war seltsam.
Ich rief sie und sah im Garten nach. Nichts. Dann ging ich ins Haus und schaute in jedes Zimmer. Auch nichts. Nun wurde mir mulmig. Hatte vielleicht jemand das Tor geöffnet und Kara war abgehauen?
Ich fragte meine Mutter, die auch im gleichen Haus wohnte. Sie war zuhause und hatte Kara nicht gesehen. Ich ging erneut in jeden Raum und rief nach Kara. Nichts.
In meiner Verzweiflung rief ich meine Frau im Geschäft an und fragte, ob sie etwas wüsste. Auch nichts.
Was sollte ich jetzt noch tun? Nochmals ging ich von Raum zu Raum, ich schaute unter dem Bett nach und in jedem Schrank. Es war mehr aus Verzweiflung, aber ich wusste nicht, was ich sonst tun sollte. Dann ging ich in den Garten und lief den ganzen Zaun ab, ob irgendwo ein Loch war. Auch wieder nichts.
Plötzlich hörte ich ein Jammern aus dem Futtershop.

Als ich dort nachsah, lag Kara auf dem Boden und ihr Bauch war doppelt so dick als normal. Die Kleine hatte ein Loch in das Fliegengitter gemacht, wie, das weiß ich nicht, mit den Krallen oder den Zähnen, egal.
Im Shop hatte sie einen Sack Trockenfutter aufgerissen und sich im wahrsten Sinne des Wortes, den Bauch vollgeschlagen. Ihr Bauch war so dick, dass ich mir richtig Sorgen machte.
Ich nahm Kara ganz vorsichtig hoch und legte sie ins Auto, dann mit Vollgas zum Tierarzt.
Dort bekam sie sofort etwas, dass sie sich übergeben musste. Unglaublich, da kamen gefühlt 5 Kilo Trockenfutter heraus.
Ihr ging es dann sehr schlecht, aber nur wegen dem Fressen und dem Übergeben.
Am nächsten Tag war sie zwar noch etwas angeschlagen, aber sonst alles wieder gut.
Zuhause machte ich nun eine stabilere Variante eines Fliegengitters an die Tür, damit sowas nicht nochmals passierte.

Ich möchte euch noch eine (im Nachhinein) lustige Geschichte zum Abschluss erzählen.
Wir hatten im Haus ein Problem mit der Heizung. Also musste der Installateur her. Die Firma, die uns seit Jahren betreut, schickte immer den gleichen Monteur, weil alle anderen Mitarbeiter Angst vor unseren Hunden hatten.
Markus kam an diesem Tag und parkte wie immer im Hof. Seinen Bus mit den ganzen Werkzeugen und Ersatzteilen stellte er so im Hof ab, dass er niemanden störte und er bei Bedarf immer an seine Sachen drankam.
Bevor er mit der Arbeit begann, musste er natürlich erstmal alle Hunde begrüßen. Er kannte sie mittlerweile alle mit Namen und brachte auch jedes Mal ein Leckerli mit. Dann arbeitete er an

der Heizung und ich saß im Büro und machte die ungeliebte Arbeit, die aber leider dazugehört.
Die Hunde waren in der ganzen Wohnung verstreut oder im Hof.
Als er nach ca. zwei Stunden fertig war, verabschiedete er sich von den Hunden und dann von mir.
Ich ging mit ihm in den Hof, öffnete das Tor und er fuhr weiter zu seinem nächsten Termin.
Nach ca. 20 Minuten klingelte das Telefon und Markus war dran. Er fragte, ob ich nicht etwas vermissen würde. Ich verstand erst gar nicht, was er meinte, und darauf sagte er, dass Kara bei ihm sei.
Mir lief es kalt den Rücken runter und ich war kurz sprachlos.
Er erzählte, dass er bei seinem nächsten Termin sei und als er sein Werkzeug holen wollte und seinen Bus öffnete, saß da Kara drin.
Ich fing kurz an zu zittern und fragte, ob was passiert sei und wo er wäre. Nachdem er mir die Adresse mitteilte, fuhr ich sofort hin und holte Kara ab. Ich entschuldigte mich tausendmal bei ihm und passte das nächste Mal besser auf.
Kara musste in Bus gesprungen sein, als er mit offenen Türen im Hof stand. Sie fuhr immer sehr gerne im Bus mit und einmal sprang sie auch dem Postboten ins Auto, als er Pakete brachte. Der bekam damals fast einen Herzinfarkt.

Am Ende war ich nur heilfroh, dass nichts passiert und Kara wieder zurück war.
Schade, dass ich sein Gesicht nicht sehen konnte, als er den Bus geöffnet hatte.

----

16. Philosophie/Sprüche

Wenn es für Dich Sinn macht, muss es für sonst niemanden Sinn machen.

Nur vor dem, den Du im Spiegel siehst, musst Du Rechenschaft ablegen.

Wenn Dein Hund nicht macht, was er soll, suche als erstes den Grund bei Dir.

Mit Hunden muss man reden, das hat immer irgendeinen Sinn, es sind schließlich keine Menschen.

Hunde haben kein Problem mit Körperlichkeit, Menschen schon.

Die natürliche Mensch-Hund-Beziehung ist kaputt, es lebe die Hundeschule.

Man kann einen Hund nicht wie ein menschliches Wesen behandeln, denn ein Hund braucht Liebe.

Die Größe und den moralischen Fortschritt einer Nation kann man daran messen, wie sie ihre Tiere behandelt. (Mahatma Gandhi)

Die beiden wichtigsten Tage deines Lebens sind der Tag, an dem Du geboren wurdest, und der Tag, an dem Du herausfindest, warum. (Mark Twain)

Wir werden in Ewigkeiten nicht mehr gutmachen können, was wir den Tieren angetan haben.

Ich hatte heute viel vor. Dann ging ich zu meinen Hunden. Nun habe ich morgen viel vor.

Hunde sind eine endlose Freundschaft, ein treuer Freund, ein Teil des Lebens und ein Grund zu existieren.

Ignorieren ist die unfairste Strafe, die es gibt.

Immer andere nur zu kritisieren, machen nur Menschen, die es nicht besser können.

Das Training hat nur den Wert, den Du auch bereit bist zu investieren.

Jeder will, dass man direkt und ehrlich ist, nur nicht, wenn es gegen einen selbst geht.

Wenn du viel erreichen möchtest, musst Du immer am Fundament anfangen.

Je hilfloser ein Lebewesen ist, desto größer ist sein Anspruch auf menschlichen Schutz vor menschlicher Grausamkeit! (Mahatma Gandhi)

Kämpfe immer für die Freiheit und den Glauben in Dir, hilf anderen, den Unterdrückten, Schwachen und den Tieren. Hab keine Angst vor der Strafe der Gesellschaft, wenn Du das Richtige tust.

Fürchte dich nie, nie, niemals davor, zu tun, was richtig ist, speziell dann, wenn das Wohl eines Menschen oder eines Tieres auf dem Spiel steht.

Die Strafe der Gesellschaft ist nichts verglichen mit den Wunden, die wir unserer Seele zufügen, wenn wir wegschauen! (Martin Luther King)

Der Hauptgrund unseres Lebens ist es, anderen zu helfen. Und wenn du ihnen nicht helfen kannst, dann tu ihnen zumindest nicht weh.

Die Hoffnung auf das Gute fängt dort an, wo wir beginnen, Gutes zu tun.

Die Seele ist bei allen Lebewesen gleich, nur der Körper ist verschieden. (Hippokrates)

Stärke hat es nicht nötig, Schwäche auszunutzen.

Es gibt keine fundamentalen Unterschiede zwischen Mensch und Tier in ihren Fähigkeiten, Freude und Schmerz, Glück und Elend zu fühlen. (Charles Darwin)

Mit allem, was lebt, sind wir durch Wesensverwandtschaft und Schicksalsgemeinschaft verbunden. (Albert Schweitzer)

Was ist der Mensch ohne Tiere? Wären alle Tiere fort, so stürbe der Mensch an großer Einsamkeit des Geistes. Was immer den Tieren geschieht - geschieht auch den Menschen. Alle Dinge sind miteinander verbunden. (Häuptling Seattle)

Sei du selbst die Veränderung, die du dir wünschst für diese Welt. (Mahatma Gandhi)

Alle Fehler, die man macht, sind eher zu verzeihen als die Mittel, die man anwendet, um sie zu verbergen. (François de la Rochefoucaul)

Alle Probleme der Welt werden von Menschen verursacht, nicht von den Tieren.

In jeder Schwierigkeit lebt die Möglichkeit. (Albert Einstein)

Alle wollen die Welt verändern, aber keiner sich selbst. (Lew Nikolajewitsch Graf Tolstoi)

Alles endet irgendwann. Ist es wirklich besser, etwas erst gar nicht zu beginnen, nur weil man Angst davor hat, es irgendwann wieder zu verlieren? (Wolfgang Hohlbein)

Denke nicht so oft an das, was dir fehlt, sondern an das, was du hast. (Marcus Aurelius)

Wer nicht will, findet Gründe. Wer will, findet Wege. (Dalai Lama)

Wenn ich in die Augen eines Tiers schaue, sehe ich kein Tier, ich sehe ein Lebewesen, einen Freund, eine Seele.

Gib niemals einen schwierigen Hund auf. Er wird Dir viel mehr beibringen als Du glaubst.

Nur wer selbst Narben auf seiner Seele hat, kann die Wunden anderer auch spüren, sehen und begreifen.

Tiere hören unser Herz, wenn es flüstert. Manche Menschen nicht einmal, wenn es schreit.

Freundlichkeit ist eine Sprache, die Taube hören und Blinde lesen können. (Mark Twain)

Training mit Tieren hat oft keinen Erfolg, weil die Menschen zu viel von ihrem Tier erwarten und viel zu wenig von sich selbst.

Der einfachste Versuch, den man selbst gemacht hat, ist besser als der schönste, den man nur sieht. (Michael Faraday)

Der ideale Mensch fühlt Freude, wenn er anderen einen Dienst erweisen kann. (Aristoteles)

Erst, wer die Menschen kennengelernt hat, weiß, ein Tier zu schätzen. (Frank Dommenz)

Der größte Feind der Qualität ist die Eile. (Henry Ford)

Ich muss immer genau zuhören, damit ich höre, was nicht gesagt wird. (Thuli Madonsela)

Die Seele ist gleich groß bei einem kleinen Hund wie bei einem großen Löwen. (Leonardo da Vinci)

Die größten Grausamkeiten, die an Tieren verübt werden, werden von Menschen begangen, die sich für zivilisiert halten. (Isaac Bashevis Singer)

Tiere heilen das in Dir, was Menschen in Dir verletzt haben.

Tiere sehen mehr in Dir, als es Menschen tun. Denn sie erkennen die Trauer in Deinem Lächeln, die Liebe hinter Deinem Zorn und sie verstehen nicht nur Deine Worte, sondern auch Dein Schweigen.

Wenn im Wald ein Baum umfällt und niemand da ist, der es hört, so macht er dennoch ein Geräusch.

17. Das traurige Ende

Der Tag kam, auf den ich nicht vorbereitet war.
An diesem Samstagabend, den 22. September 2019, kam ich von der Arbeit nach Hause und freute mich, Dich zu sehen, doch an diesem Tag bist Du mir nicht entgegengelaufen. An Deiner Stelle kam Judith und sagte mir, dass ich schnell ins Haus kommen sollte, Dir gehe es nicht gut.
Ich ließ meine Tasche fallen und rannte ins Haus.
Da lagst Du auf Deinem Kissen und freutest Dich, mich zu sehen. Aber Du konntest nicht mehr aufstehen und als ich sah, dass Dein Bein ganz locker da hing, wusste ich instinktiv, dass es schlimm werden würde. Judith hatte seit zwei Stunden versucht, mich telefonisch zu erreichen, aber ich hatte mein Telefon aus, um mit anderen Hunden zu trainieren. Das macht mich heute noch wütend. Wütend auf mich selbst, weil ich nicht auf das Telefon geschaut habe, um schneller bei Dir zu sein.
Dass Du Knochenkrebs hattest, wussten wir schon lange.
Diese Diagnose bekamen wir schon vor geraumer Zeit. Leider auch mit der Nachricht: nicht heilbar.
Aber in solchen Momenten schiebt man das Unausweichliche vor sich her. Machen konnte man ja nichts, also versuchten wir, Dein Leben so Lebenswert wie möglich zu gestalten.
Ich habe Dich auf den Arm genommen und ins Auto getragen. Im Kofferraum lag eine Decke, auf die ich Dich sanft darauf legte. Dann sind wir beide mit Vollgas in die Klinik nach Frankenthal gerast. Wir mussten lange warten, da an diesem Abend nur Notfälle ankamen.
Als wir endlich drankamen, wollten die Ärzte, dass ich draußen warten sollte und sie Dich ohne mich untersuchen. Dass dies nicht in Frage kam, stand zu jedem Zeitpunkt fest. Ich bleibe immer an Deiner Seite, das habe ich Dir versprochen.

Da würde uns auch kein Arzt davon abhalten. Mit der Diskussion, die sie uns aufzwängen wollten, waren sie chancenlos. Ich hätte die Klinik niedergebrannt, um bei Dir zu sein. Das hatte ich ihnen auch unmissverständlich klargemacht. Schließlich hatten sie eingelenkt und ich durfte bei Dir bleiben. Nach kurzer Untersuchung wurdest Du geröntgt und das ganze Ausmaß Deiner Verletzung und Deines Körpers wurde sichtbar. Dein Bein war gebrochen, das war nicht das Schlimmste, aber Deine Knochen waren vom Krebs durchlöchert wie ein Schweizer Käse.
Der Arzt sagte, dass er nichts mehr für Dich tun könne, es gäbe keine Möglichkeit, vorhandene Schrauben oder ähnliches zu befestigen. Das wollte ich nicht akzeptieren und packte Dich aus lauter Verzweiflung ins Auto und wir rasten gegen Mitternacht nach Hofheim, in eine Spezialklinik für krebskranke Tiere.
3-mal wurden wir bei unserer Fahrt geblitzt, aber das war egal.

Doch als auch dieser Arzt die erneuten Röntgenbilder mit mir besprach und mir zeigte, dass Du voll mit diesem scheiß Krebs warst und ich mich bitte von Dir verabschieden sollte, konnte ich nicht mehr denken.
Nicht nur Deine Knochen waren befallen, nein, auch Deine Organe. Es wäre nur noch eine Frage von Tagen, im besten Fall Wochen gewesen, bis es sowieso nicht mehr ginge.
Aber ich konnte Dich nicht hier gehen lassen.
Der Arzt sagte, dass ich Dir keinen Gefallen tun würde, wenn ich Dich am Leben ließe.
Das hat mir das Herz zerrissen. Weil ich wusste, wie sehr Du mir fehlen wirst.
Mir gingen so viele Gedanken gleichzeitig durch den Kopf, was sollte ich nur tun? Kurz dachte ich sogar daran, mich auf den Weg nach England zu machen, zu Dr. Noel Fitzpatrick, aber wozu? Die Diagnose war mehr als eindeutig.

Ich habe Dich ins Auto getragen und wir sind dann heulend nach Hause gefahren. Die letzten Stunden habe ich bei Dir geschlafen.

Am nächsten Morgen, es war Sonntag, rief ich unsere Tierärztin an und schluchzte ihr am Telefon unser Leid. Sie verstand mich kaum, aber wusste schnell, um was es ging. Wir kennen uns schon sehr lange und auch sie wusste, dass wenn dieser Tag kommen würde, dass es sehr schlimm für mich werden würde. Sie machte sich sofort auf den Weg, kam auch sehr schnell zu uns nach Hause und sah sofort, was los war. Als sie die Kanüle in Dein Bein schob, brummtest Du sie nochmals an, nur um ihr zu zeigen, dass Du eigentlich noch dableiben musst, weil ich Dich doch noch so sehr brauchte.
Aber es ging einfach nicht mehr, unsere Ärztin hat Dich dann in meinen Armen liegend von Deinen Leiden erlöst.
Als Dich Dein letzter Atemzug verlassen hat, wurde mir so schlecht, dass ich mich übergeben musste. Ich schäme mich nicht dafür, denn es zeigt, wieviel Du mir bedeutet hast und immer noch bedeutest.

Dieses einfache, bedingungslose Glück, das einem nur Hunde schenken können.

Wo immer Du jetzt bist, Kara, vielen herzlichen Dank für alles.

Ich liebe Dich und werde Dich immer lieben.

18. An meine Prinzessin

An meine geliebte Kara.

Es ist jetzt schon einige Jahre her, als ich Dich das letzte Mal gesehen, das letzte Mal gestreichelt, das letzte Mal mit Dir geredet habe, und vieles mehr von: das letzte Mal.
Ich versuche mich jeden Tag abzulenken, ich arbeite viel und bin trotz allem keinen Tag ohne Dich.
Jeden Tag sind meine Gedanken bei Dir.
Jeden verdammten Tag.
Ich habe mittlerweile mein rechtes Bein nur mit Bildern und Geschichten von Dir tätowiert.
Warum?
Damit ich Dich noch mehr bei mir habe.

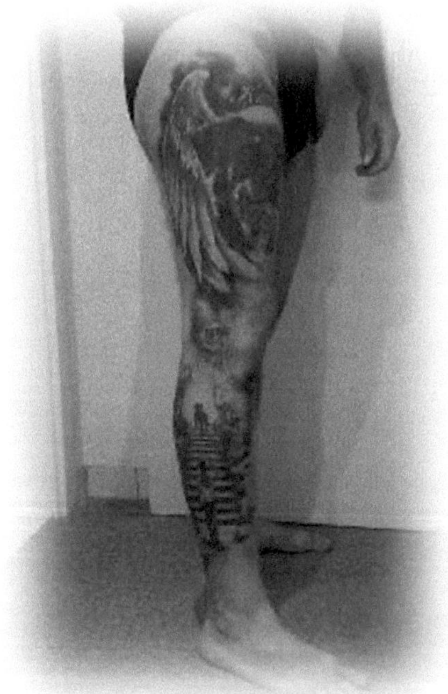

Ich höre Dich manchmal oder bilde es mir zumindest ein, morgens im Halbschlaf, wie Du neben meinem Bett liegst, das war dein Lieblingsplatz, oder Du Dich freust, wenn ich aufstehe. Diesen Platz am Bett zum Schlafen haben mittlerweile schon andere eingenommen. Das wechselt ständig.
Ich denke mir oft:
Vielleicht bist Du ja noch da, solange bis Du Dir absolut sicher bist, dass es mir gutgeht und ich Dich nicht mehr brauche ... weiß ja auch nicht. Wenn es so ist, musst Du noch länger bleiben, denn ich brauche Dich sehr.
Früher war es ja auch so.
Du dachtest immer, dass Du auf mich aufpassen müsstest, obwohl ja ich eigentlich der Chef im Hause war .... das dachte ich zumindest.
Wir hatten einen speziellen Start in unser gemeinsames Leben, das werde ich nie vergessen.
Du kamst ursprünglich aus Frankreich und bist von vielen Menschen viel zu schlecht behandelt worden.
Keiner wollte Dich, weil Du sehr schwierig gemacht wurdest.
Unser Start war auch sehr schwierig. Ich setzte meine damalige Beziehung aufs Spiel, um Dir zu helfen.
Das werde ich nicht vergessen, das meine ich aber im Positiven.
Die Beziehung ging, aber Du bist geblieben.
Doch das ist nicht der Grund, warum Du meine beste Freundin geworden bist.
Ich wollte Dir helfen, aber eigentlich hast Du ja mir geholfen.
In einer sehr dunklen Zeit wollte ich nicht mehr leben.
Dann kamst Du.
Du hast mein Leben gerettet, obwohl Du es mir am Anfang nehmen wolltest.
Ohne Dich wäre ich schon lange nicht mehr hier.

Es gibt Zeiten, da würde ich lieber zu Dir gehen, als hier zu bleiben.
Ich hab sehr viel von Dir gelernt.
Auch eine wichtige Lektion über mich und über uns Menschen.

Wir Menschen halten uns für unglaublich schlau.
Wir sind den ganzen Tag am Denken und Bewerten und Entscheiden. Das macht uns effizient, reich und erfolgreich.
Aber ob es uns glücklich macht ??????
Ich weiß nicht.
Ich war glücklich, wenn ich mit Dir unterwegs war.
Sehr glücklich.
Wenn ich heimgekommen bin und Du mir im Hof entgegengelaufen bist, egal ob ich 2 Minuten oder 2 Stunden weg war.
Du hast Dich gefreut, als ob es kein Morgen mehr gäbe.
Das haben mittlerweile auch andere übernommen.
Noch mehr hast Du Dich gefreut, wenn Du mit mir im Bus mitfahren durftest.
Auch das machen nun andere.
Wir konnten nicht miteinander reden und doch hast Du mich besser verstanden als die meisten Menschen in meinem Leben.
Es war nicht immer leicht mit Dir, aber ich würde keinen Tag, den ich mit Dir verbringen durfte, eintauschen.
Gegen nichts in der Welt.
Du wusstest ganz genau, wenn es mir mal nicht gut ging.
Dann bist Du einfach zu mir gekommen und hast Dich zu mir gelegt.
Das machen nun auch andere hier in unserer Familie.
Aber ersetzen kann Dich keiner, ohne ihnen aber damit Unrecht zu tun.
Wo immer Du jetzt bist Kara, vielen herzlich Dank für alles.

Wenn ich hier fertig bin, werde ich Dich suchen und für immer bei Dir bleiben.

Ich vermisse Dich.

Ich liebe Dich.

Nachwort

Ein Hundebuch mal anders?
Auf jeden Fall, denn es gab nur eine Kara und so eine wird es auch nie wieder geben.
Ich weiß nicht, ob ich euren Geschmack getroffen habe und ihr Freude beim Lesen hattet.

Es würde mich freuen, denn das war mein Ziel.
Nicht mehr, aber auch nicht weniger.

Dieses Buch ist das Zweite, das ich geschrieben habe. Es wird nicht das letzte sein, denn ich habe bereits ein weiteres angefangen, während ich an diesem noch schrieb.

Es hat richtig Spaß gemacht, war aber für mich als „Nicht-Schreiber“ und Legastheniker nicht leicht.
Vor allem war es schwer, Kara beim Schreiben wieder so nahe zu sein. Sie auf den Bildern zu sehen und vor Emotionen meine Tränen nicht unter Kontrolle zu haben.

Und natürlich kommen beim Schreiben Gedanken oder Träume hoch:
Wie schlägt das Buch ein?
Bekomme ich wenigsten meine Kosten wieder rein?
Liest das überhaupt jemand?

Das alles ist wirklich nicht wichtig.

Es soll gefallen und euch allen einen Einblick in mein Leben geben, das sich jeden Tag nur um Hunde dreht. In diesem Buch hauptsächlich um Kara und unser gemeinsames Leben.

Wenn ihr dieses Buch vielleicht als Bettlektüre lest und danach mit einem Lächeln einschlaft, war es jede Mühe wert.

Danksagung

An meine Frau, die mich seit Jahren erträgt.
Ich weiß, dass ich nicht perfekt bin, aber ich gebe wirklich täglich mein Bestes.
Danke für deine Liebe und deine Geduld.

An Christine, die mir half, die Rechtschreibung in den Griff zu bekommen, die Geschichten rauf und runter gelesen hat, mir half, das Buch zu verlegen und mir ihre Meinung mitgeteilt hat, auch wenn ich das nicht immer hören wollte.

Danke an den Tierschutz und die Organisationen, die täglich ihr Bestes geben.

Danke auch an dich, Xaver. Du hast mir alles beigebracht und warst deiner Zeit über 30 Jahre voraus.
Alles, was ich gelernt habe im Umgang mit Hunden, gerade mit den „gefährlichen und unberechenbaren", hast du mich gelehrt.
Hunde so zu lesen ist eine Kunst, das habe ich anfangs nicht verstanden.
Ich werde dich nie vergessen.

Danke an alle, die ich vielleicht vergessen habe und doch erwähnen sollte.

Danke an all meine Hunde. Sie machten mich zu dem, der ich heute bin.
Ich weiß, dass ich durch euch ein besserer Mensch geworden bin.
Bei euch fand ich immer Halt und Unterstützung.
Für „Nichthundemenschen“ ist das vielleicht unbegreiflich, aber das ist nicht so wichtig.

Und ich möchte und muss meine geliebte Kara erwähnen.
Wie ihr durch das Lesen des Buches nun wisst, kam sie in einer Zeit zu mir, als ich nicht mehr leben wollte.
Sie brauchte Hilfe, dachte ich mir, aber in Wirklichkeit, half sie mir.
Es vergeht kein Tag, an dem ich nicht an dich denke.
Danke Kara.
Semper fi.

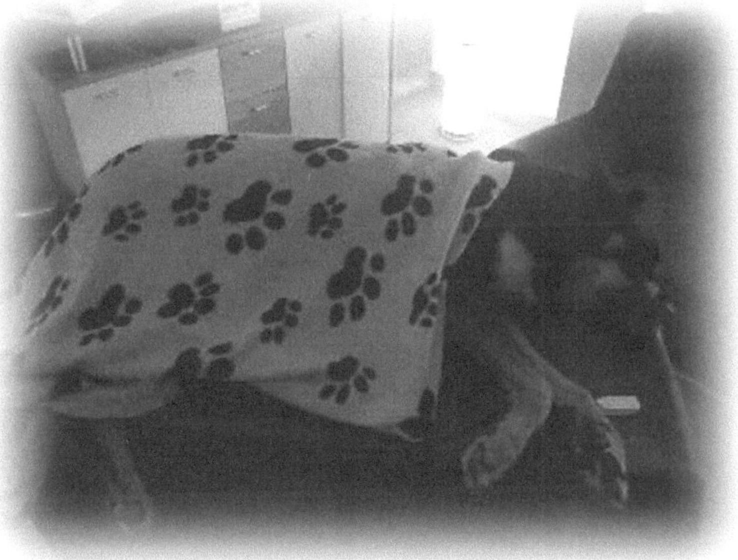

Widmung

Dieses Buch widme ich all meinen Hunden, die bei uns auf dem Gnadenhof lebten und noch leben.
Ganz besonders natürlich meiner geliebten Kara, von der dieses Buch ja handelt.

Rico, Rocky, Ben, Heidi, JJ, Arny, Cash, Kara, Jessi, Timmi, Lemmy, Tina, Baba, Gino, Raul, Eyko, Rick, Osga, Elsa, Rudi, Lisa, Dony, Toni, Maya, Theo, Kimi, Lucy, Leon, Nico, Susi

Ich lernte von allen so unendlich viel, sie alle inspirierten mich und machten mich zu einem besseren Menschen.
Zu dem, der ich heute bin.

Dafür meinen unendlichen Dank.
Semper fi.

Impressum

Dieter Paul
Industriegebiet
Große Ahlmühle 15
76865 Rohrbach

ISBN: 9789403758978
Veröffentlichung: 2024

Haftungsausschluss:

Die Inhalte dieses Buches dienen ausschließlich der allgemeinen Information und Unterhaltung.

Sie sind nicht als professionelle Ratschläge oder Anleitungen zu verstehen.

Der Autor übernimmt keine Haftung für Handlungen, die auf Grundlage der im Buch dargestellten Informationen unternommen werden.

Obwohl Handlungen und Charaktere in den Geschichten teilweise auf realen Begebenheiten basieren, sind sie in ihrer Gesamtheit als fiktional zu betrachten.

Halbwahrheiten sind nur zur Hälfte erfunden.